DE LA PROPRIÉTE

DU

COURS ET DU LIT

DES RIVIÈRES

NON NAVIGABLES ET NON FLOTTABLES,

PAR M. RIVES,

ANCIEN CONSEILLER D'ÉTAT, CONSEILLER A LA COUR DE CASSATION

PARIS,

TYPOGRAPHIE DE FIRMIN DIDOT FRÈRES,

RUE JACOB, 56.

1844.

Occupé, depuis que j'ai l'honneur de siéger à la Cour de cassation, d'un *Traité des Délits et des Contraventions prévus et punis par nos codes pénal, rural et forestier*, j'ai dû examiner dans l'un des six livres qui formeront cet ouvrage, la question de la Propriété du cours et du lit des rivières non navigables et non flottables.

Cette partie de mon travail date de 1835 : je la terminais au moment où fut fait à la Chambre des Députés le rapport concernant la proposition de MM. Aroux et Barbet, sur ces Cours d'eau.

M. le comte de Bastard, à qui je l'avais communiquée, en parla, l'année dernière, à M. le Ministre des Travaux publics, après que ce Ministre eut présenté, à la Chambre des Pairs, le projet de loi relatif à l'Endiguement des Rivières et des Fleuves.

M. Teste l'ayant prié de me témoigner le désir de la connaître, je m'empressai de le satisfaire.

Les devoirs de mon état ne m'ont pas encore permis d'achever la révision de mon manuscrit, afin de le livrer à l'impression. Cependant, le projet de loi précité va être reproduit dans la session législative qui s'ouvrira le 27 de ce mois.

Cette circonstance m'enhardit à détacher de mon volumineux Traité le fragment que je publie aujourd'hui. Puisse l'étude à laquelle je me suis livré m'absoudre de cette témérité, et se concilier le suffrage de ceux qui voudront bien la parcourir!

Paris, le 4 décembre 1843.

EXTRAIT

D'un Traité inédit des Délits et des Contraventions prévus et punis par les codes pénal, rural et forestier.

———

LIV. IV.

De la petite voirie municipale et rurale.

———

TIT. XVI.

Des Cours d'eau non intermittents et qui ne sont ni navigables ni flottables.

———

. . . .

CHAP. I.

De la Propriété du cours et du lit des rivières non navigables et non flottables.

———

La controverse qui s'est élevée entre nos jurisconsultes, au sujet de la propriété du cours et du lit des rivières non navigables et non flottables, s'anime à mesure que l'industrie développe et multiplie sous nos yeux ses efforts et ses merveilles.

Obligé de donner mon avis, à mon tour, sur cette question majeure, je vais, dans l'idée que sa solution deviendra peut-être ainsi plus facile, commencer par préciser l'état actuel de la doctrine.

J'examinerai ensuite la difficulté à résoudre, non-seulement selon notre droit public antérieur à la loi des 4-5 août 1789 et à la promulgation du Code civil, mais d'après ce Code lui-même, et les lois postérieures qui s'y réfèrent.

SECTION Ire.

ÉTAT ACTUEL DE LA DOCTRINE.

« Destinées à l'usage commun de tous, par une sorte de consécration publique, disait M. Merlin devant la Cour de cassation, le 14 mars 1802, les petites rivières n'appartiennent proprement à personne, et ne dépendent que de la puissance souveraine, sauf l'usage particulier que les propriétaires riverains ont le droit d'en faire pour leurs besoins et leur avantage (1). »

Le président Henrion de Pansey se contenta de rappeler que les petites rivières appartenaient aux seigneurs, sous le régime féodal; que les décrets qui les dépouillèrent de leur propriété n'ont pas dit quel en serait désormais le propriétaire, et que le Code civil n'accorde aux riverains que les droits déterminés par son art. 644 (2).

---

(1) *Questions de droit*, v. Cours d'eau, § 1er, p. 728, 1re col. *in fine*.

(2) *De la compétence des juges de paix.*

La doctrine en était encore là en 1817, lorsque Dubreuil, dans son *Analyse raisonnée de la législation sur
les eaux*, s'exprima en ces termes : « On a vu, n° 22, que,
« depuis la suppression du régime féodal, aucune loi
« n'a statué sur la propriété des eaux publiques non na-
« vigables. — Le Code civil, art. 561, a donné aux ri-
« verains les îles et les atterrissements qui s'y forment;
« mais de là ne suit pas la propriété de l'eau elle-même.
« — L'art. 644 accorde l'usage de cette eau à ceux dont
« la propriété borde le cours, ou à ceux dont les eaux
« traversent l'héritage. — En cas de contestation sur cet
« usage, l'art. 645 donne aux tribunaux le droit d'or-
« donner un règlement, s'il n'en existe pas encore. —
« Mais ces dispositions, relatives au simple usage, restent
« étrangères aux droits de propriété. De là, nous avons
« conclu (même numéro et n° 258), que ces cours d'eau
« étaient aujourd'hui dans la classe de *ces choses qui,*
« comme le dit l'art. 714 du Code civil, *n'appartiennent*
« *à personne, dont l'usage est commun à tous, et dont*
« *des lois de police règlent la manière de jouir.*

« Il ne peut s'élever aucune question sur la propriété
« de ces eaux en elles-mêmes.

« Mais il peut s'en élever sur la propriété de leurs îles
« et atterrissements, des bords et rivages, et ces ques-
« tions sont du ressort des tribunaux (1). »

S'occupant ailleurs de la propriété du lit de ces
cours d'eau, Dubreuil rapporte l'opinion de M. Pardessus (2), qui a tiré de l'article 561 la conséquence
que cet article l'attribue aux riverains, et continue
ainsi qu'il suit :

« Mais cette propriété ne doit pas être regardée

____

(1) *Additions*, n. 6.
(2) *Traité des servitudes*, n. 77.

« comme une propriété pleine, absolue et arbitraire. —
« D'une part, l'article 644 leur prohibe de détourner le
« cours de l'eau. — De l'autre, le gouvernement, on l'a
« vu, peut encore rendre ces rivières navigables. Le
« droit des riverains est donc moins un véritable droit
« de propriété, qui, dans le fait, n'appartient à per-
« sonne, comme le dit l'article 714, qu'un usage ex-
« clusif de l'utilité qu'ils peuvent en retirer (1). »

En 1824, M. Daviel décide, dans son ouvrage inti-
tulé *Pratique des cours d'eau*, que les citoyens, par
l'abolition de la féodalité, ont recouvré leur propriété
franche, comme leur personne; que les riverains sont
devenus proportionnellement propriétaires du lit des
cours d'eau; que l'État ne s'est substitué aux droits des
seigneurs qu'en ce qui regarde la police des eaux, et
non en ce qui concerne les droits de propriété sur leur
leur lit et leurs rives; car, dit-il, « Attribuer aux particuliers et non au Domaine les îles qui ne sont que des
parties du lit mises à nu, c'est reconnaître évidemment
que le lit lui-même est privé et non domanial (2). »

« Ainsi, ajoute-t-il, le lit est une propriété foncière qui ne reconnaît que les lois de la propriété,
tandis que l'eau est un bien commun à tous. Prévenir
les inondations ou les stagnations nuisibles; maintenir
sans danger le passage des gués; défendre les chemins
de toute dégradation; en un mot, procurer le libre cours
des eaux, voilà le droit ou le devoir de l'administration (3). »

M. Merlin (4) se demande, en 1828, à qui appartient
le lit d'une rivière non navigable ou flottable; et, après

(1) *Ub. supr.*, n. 22.
(2) Pag. xxiii, xxv.
(3) Pag. xxvii.
(4) Cinquième édition de son *Répertoire de Jurisprudence*, 1828,
t. XV, p. 548, 2ᵉ col.

avoir dit : « M. Toullier répond qu'il appartient également, c'est-à-dire, comme le droit de pêche dont il vient de parler, au propriétaire riverain, et non aux communes, » il adopte cette dernière décision, prouve sa justesse, et ajoute : « Il est vrai que, par un avis « du Conseil d'État, du 25 pluviôse an XIII, approuvé « le 30 du même mois, il a été décidé que la pêche des « rivières non navigables devait être abandonnée aux « propriétaires riverains, à titre de compensation équi- « table de la dépense du curage et de l'entretien de « ces rivières dont ils sont chargés. — Mais il s'en faut « beaucoup que, par là, il ait été décidé que des ri- « vières non navigables appartiennent au propriétaire « riverain ; et cela est si peu dans l'esprit de l'avis cité, « qu'il est expressément ajouté que les propriétaires ri- « verains ne peuvent plus prétendre au droit de pêche « *lorsque, par la suite, une rivière aujourd'hui non navi-* « *gable devient navigable*..........

« La propriété des rivières non navigables n'appartient « pas à l'État ; c'est une vérité à laquelle tous les juris- « consultes rendent hommage. — Mais sans appartenir « foncièrement à l'État, elles ne laissent pas de former, « comme celle des chemins vicinaux, une propriété pu- « blique que nul individu ne peut s'arroger, et sur la- « quelle, par suite, le gouvernement exerce les droits « d'inspection et de haute police qui sont déterminés « par les règlements retracés ci-dessus, n° 2......

« Le lit d'une rivière non navigable peut-il être, quant « à la propriété, d'une autre nature que la rivière elle- « même ? Non, sans doute. La propriété en est donc pu- « blique, comme celle de la rivière qui coule dessus ; « et c'est parce qu'elle est publique, que la loi peut en « disposer sans le consentement des propriétaires rive- « rains. (Article 563 du Code civil.)

« Si le lit d'une rivière non navigable qui se forme un
« nouveau cours appartenait aux propriétaires riverains,
« à qui devrait appartenir l'ancien lit qu'elle abandonne?
« Ce ne serait pas, ce ne pourrait pas être aux proprié-
« taire des fonds sur lesquels le nouveau cours de la ri-
« vière s'établit. Conservant la propriété du nouveau lit
« formé sur leurs terrains, ils n'auraient aucun prétexte
« pour prétendre à la propriété de l'ancien lit, et l'ancien
« lit ne pourrait appartenir qu'au propriétaire des fonds
« qui y sont adjacents.

« Cependant la loi décide que la propriété de l'ancien
« lit passe aux propriétaires des fonds sur lesquels la
« rivière établit son nouveau cours; elle décide donc
« nécessairement, que les propriétaires des fonds adja-
« cents à l'ancien lit n'y ont aucun droit de propriété. »

De son côté, M. Duranton, qui reconnaît que les
eaux régies par les articles 538 et 644, *aqua pro-
fluens*, n'appartiennent, à proprement parler, à personne, et qu'elles sont, comme élément, au nombre
des choses communes, pense que le sol sur lequel coulent les cours d'eau est la propriété des riverains, et que
les îles, îlots et atterrissements qui s'y forment leur appartiennent, aux termes de l'article 561, « ce qui ne serait pas, dit-il, si ce sol devait être considéré comme
une propriété publique ou communale (1). »

Mais M. Proudhon, approfondissant, beaucoup plus
qu'on ne l'avait fait jusqu'alors, la question de savoir
dans quel domaine on doit placer les rivières qui nous
occupent, conclut de la discussion à laquelle il s'est livré, que « le corps et le lit de ces rivières restent, quant
au très-fonds, dans le domaine public, qui en retient
seulement le droit de nue propriété. »

(1) *Cours de droit français suivant le Code civil*, t. V, n. 208.

Ses raisons principales sont que les fleuves et les rivières existaient avant l'occupation des terres qu'ils traversent (1), ce qui ne permet pas d'admettre que les eaux ont envahi leur lit sur les propriétés riveraines; — qu'à l'origine de la propriété foncière, la terre ferme fut seule l'objet de l'occupation primitive des hommes et du partage qu'ils en firent entre eux dans la suite des temps; — qu'il est sensible que, tout en exerçant leurs usages sur les rivières, ils n'eurent pas l'absurde pensée de les morceler comme le partage de leurs champs; — que, dans les principes du droit romain, toutes les rivières ayant un cours d'eau pérenne ou continu appartiennent, sans distinction, au domaine public, et que nos lois françaises, quant au domaine *du corps de la rivière et du lit* sur lequel elle coule, ont adopté ces dispositions du droit romain (2).

« Toutes ces lois qui accordent au propriétaire riverain, dit M. Proudhon, des droits d'usage sur les petites rivières, supposent, de la manière la plus manifeste, que ces rivières elles-mêmes ne leur appartiennent pas:

(1) On ne peut admettre, en effet, contre l'évidence manifeste des observations géologiques, qu'avant la division et l'appropriation individuelle des propriétés, le sol était partout *sec et solide*, et que les cours d'eau *se sont formés spontanément*, après cette division, *pour envahir certaines portions du territoire.* S'il est plus vraisemblable que la propriété *privée* s'établit partout le long des fleuves et des rivières, de la même manière qu'ailleurs, il faut bien en conclure forcément, que les premiers terrains cultivés *eurent et n'ont pas cessé d'avoir pour limites, dès l'origine, les ruisseaux publics et les petites rivières, aussi naturellement que les grands fleuves et la mer.* (Tarbé de Vauxclairs, *Dictionnaire des travaux publics*, p. 180 et 181. Add. *Essai sur l'organisation de la tribu dans l'antiquité,* par M. Koutorga, professeur d'histoire universelle à la faculté des lettres de l'université impériale de Saint-Pétersbourg, traduction de M. Chopin, p. 6, MDCCCXXXIX.)

(2) *Traité du domaine public*, t. II, n. 959, 938, 944, 946.

il serait absurde d'accorder à quelqu'un le droit de se servir de sa propre chose (1).

« Il faut donc dire que les choses rentrant dans leur ordre naturel et politique, l'abolition de la féodalité a dû avoir lieu, tant dans l'intérêt public que dans l'intérêt particulier; qu'ainsi, et en supposant même que, dans le temps de leur omnipotence, les seigneurs aient été propriétaires fonciers des petites rivières, ce serait encore le domaine public qui se trouverait aujourd'hui rétabli dans tous ses droits sur le très-fonds de leur lit, comme les propriétaires riverains sont rentrés dans la jouissance de ces rivières, quant aux avantages que cette jouissance peut avoir pour eux, sans nuire à l'intérêt général (2). »

M. Garnier publia, l'année suivante, son *Traité des rivières et cours d'eau de toute espèce*. Son opinion est conforme à celle de M. Daviel. Suivant lui, le rapprochement et la combinaison des différentes dispositions du Code établissent que les rivières non navigables et non flottables appartiennent aux riverains. Les art. 640 et 644 n'imposent aux propriétaires supérieurs qu'une servitude qui suppose et qui leur conserve la propriété. Les art. 546 et 551 font entrevoir que la propriété de l'accessoire sera attribuée et reconnue au propriétaire du fonds, puisque les îles et atterrissements qui se forment dans les rivières lui sont attribués par l'art. 561. « Les lois, en faisant payer aux riverains la contribution foncière (3) jusqu'au milieu du lit, en leur imposànt la charge du curage, en leur accordant la pê-

----

(1) *Id.*, n. 955.

(2) *Id.*, p. 361. — Le chapitre XLII, consacré par M. Proudhon à cette question, contient 48 pages : j'ai dû me contenter d'en donner une idée.

(3) *Vid. infrà*, p. 65.

che, confirment encore cette propriété. La propriété du lit étant établie, celle de l'eau qui y coule en est une conséquence ; tant qu'elle n'en est pas sortie, elle leur appartient, puisque, d'après l'art. 552, la propriété du sol emporte celle du dessus et du dessous (1). Il en doit être de cette eau comme d'un amas d'eaux pluviales. Elles sont les unes et les autres incorporées au terrain sur lequel elles se trouvent.

« L'art. 644 confirme ce principe, car la liberté qu'il confère à celui dont la rivière traverse l'héritage, de la détourner, d'en changer le cours, de la faire couler tantôt à droite, tantôt à gauche, est, sans contredit, la preuve la plus convaincante d'une propriété véritable, puisqu'il peut la faire couler dans ses parcs, ses jardins ou ses enclos, où, bien certainement, personne ne pourrait exercer ces droits, qu'exclut au surplus la première disposition du même article, qui n'accorde qu'aux riverains la faculté de s'en servir (2). »

Le vénérable et laborieux président du tribunal de première instance d'Auxerre, M. Chardon, a donné aussi son avis, dans son *Traité du droit d'alluvion* (1830).

« Tous les biens ont un maître en France, dit-il.... Il faut, dès lors et nécessairement, que le lit des cours d'eau non navigables appartienne au domaine public ou aux riverains. Or, l'art. 538 n'attribue à ce domaine que les cours d'eau navigables et flottables ; les autres sont donc aux riverains. Aussi l'art. 644, en parfaite harmonie avec cette attribution tacite en faveur des riverains, reconnaît-il leur droit exclusif à toutes les eaux courantes, autres que celles désignées par l'art. 538 (3). »

Plus loin, M. Chardon pense que l'art. 536 « a brisé,

(1) *Vide infrà*, p. 89, note.
(2) T. II, n. 90.
(3) N. 45, p. 91.

par une nouveauté peu méditée, l'économie du système
de la loi romaine qui, sans être parfait, avait au moins le
mérite d'être conséquent dans toutes ses parties (1). »

M. Troplong a embrassé l'opinion de MM. Pardessus,
Toullier, Duranton et Daviel : il convient toutefois qu'a-
vant la révolution de 1789, *on ne suivait pas en France
les règles du droit romain ;* que les rivières dont il s'agit
appartenaient presque partout aux seigneurs hauts justiciers, comme indemnité des charges qui pesaient sur
eux pour l'administration de la justice, et que ces seigneurs profitaient *même de l'alluvion et du lit abandonné.* « Quand la féodalité eut succombé sans retour
sous les coups de cette révolution, le domaine de ces
rivières passa, dit-il, à l'État, successeur des seigneurs
dans la haute justice. En effet, la féodalité, qui avait
morcelé et localisé la souveraineté, non par l'effet d'une
usurpation, comme le répète sans cesse, et toujours à
tort, l'ancienne école historique, mais parce que la centralisation romaine ayant péri sous le poids de sa propre
grandeur, il n'y eut plus d'unité possible là où il n'y
avait plus unité de nation et d'intérêts; la féodalité, di-
sais-je, avait investi ses petits suzerains des droits de
haute justice, attribut de leur quasi-souveraineté; et
comme ce droit entraînait des frais après lui, les seigneurs
avaient doté leur fisc de certains émoluments qui leur
permettaient d'y faire face. Mais lorsque la centralisation
eut repris, après de longues années de luttes et d'efforts,
sa revanche contre l'esprit local; lorsqu'elle eut proclamé
l'unité de pouvoir comme conséquence de l'unité de territoire opérée peu à peu par l'habileté de nos rois, la
justice sortit de l'étroite enceinte des seigneuries; elle
remonta à une source plus haute; elle devint l'attribut nécessaire de la grande souveraineté nationale,

(1) N. 178, 179, 218, 219.

une et indivisible, et lui apporta les profits accessoires dont elle avait été investie dans la main des seigneurs. La centralisation la recueillit avec l'héritage de tout ce qui avait marché après elle, pendant qu'elle était à l'état de morcellement. Dès lors le droit romain sur la propriété des petites rivières fut, en quelque sorte, ressuscité par cette révolution. On put dire avec lui : *Flumina autem omnia publica sunt.*»

Mais M. Troplong pense que des modifications ultérieures enlevèrent à l'État son droit de propriété absolue; —qu'après avoir décidé, dans l'art. 560, que les îles qui se forment dans le lit des rivières navigables appartiennent à l'État, le Code civil établit, dans l'article suivant, que les îles nées dans des rivières non navigables sont la propriété des riverains ; — que ces deux dispositions sont écrites sous la rubrique *du droit d'accession*, et que l'art. 560 applique très-rationnellement aux rivières navigables la règle que *l'accessoire suit le principal.* « C'est, en effet, parce que l'État est propriétaire de ces rivières et de leur lit, que l'accessoire qui surgit dans leur sein est la propriété de l'État. L'art. 560 n'est que le corollaire de l'art. 538.

« Or, lorsque nous voyons le législateur se montrer si logique dans l'art. 560, pourrons-nous supposer que, tout d'un coup, il soit demeuré infidèle et à son titre et aux lois du raisonnement, dans l'art. 561 ? Ne devrous-nous pas dire que l'attribution, aux riverains, de l'île née dans la rivière non navigable, est une preuve que le principal, c'est-à-dire le lit, appartient à ce même riverain; de même que l'attribution, à l'État, de l'île née dans les rivières navigables, découle de la propriété de l'État sur le fleuve et sur son lit? Puisqu'il s'agit d'accession dans ce chapitre du Code, n'est-ce pas par la force du droit d'accession que l'île de la rivière non navigable appartient aux riverains? Et à quoi l'île accède-t-elle? Est-ce au rivage? Non; car autrement il faudrait donner aux riverains l'île des rivières navigables. L'île accède au lit; elle est l'accessoire, la partie inhérente et indivisible du lit. Là où est la propriété du lit se trouve la propriété de l'île. Voilà l'argument donné par l'art. 560; il ne saurait être fautif dans l'art. 561. »

M. Troplong est confirmé dans cette opinion, et par l'avis du Conseil d'État du 27 pluviôse an XIII, et par l'obligation où sont les riverains de payer les contributions jusqu'au milieu de la rivière (1).

Suivant lui, « il s'est opéré, depuis le Code civil, une grande innovation dans la propriété des rivières non navigables. Les riverains ont eu leur part; les individus indiqués dans l'art. 563 ont eu la leur, à titre d'indemnité; l'État a conservé un droit conditionnel, une sorte de droit de retour, fondé sur la nécessité publique. Cette répartition est très-équitable; elle concilie tous les intérêts, comme elle met d'accord tous les textes qui, au premier coup d'œil, semblent se contrarier; elle rend à l'art. 561 la prépondérance qu'il doit avoir, si on le confère avec l'art. 538, qui ne classe pas les petites rivières dans le domaine public (2). »

---

(1) *Vide infrà*, p. 64. Cet argument serait puissant s'il reposait sur un fait *exact ;* mais son *inexactitude* est manifeste. Il est malheureux que cette erreur ne fut pas relevée à la Chambre des Pairs, en 1829, lors de la discussion de la loi sur la pêche fluviale, puisqu'elle assura l'adoption de l'art. 3 de cette loi.

L'instruction sur le cadastre décide formellement que les rivières et les ruisseaux *ne sont pas* imposables; et les documents statistiques réunis en 1835 par M. le Ministre du commerce prouvent qu'on les comprend parmi les *propriétés* non imposées; il est donc impossible de les considérer comme des propriétés particulières.

(2) *Commentaire du tit. de la prescription*, t. I, n. 145, p. 214-230.

M. Troplong termine en appréciant et réfutant quelques arguments employés par M. Proudhon à l'appui de l'opinion opposée. On admire dans tout ce morceau la dialectique habile et l'éloquente vivacité de style qui ont placé mon savant collègue si haut dans l'estime des jurisconsultes et des magistrats.

En résumé, il est d'avis que M. Proudhon va beaucoup trop loin, lorsqu'il place les petites rivières dans le domaine public. « Nous persistons à croire, ajoute-t-il, que l'État, considéré comme propriétaire, n'a sur elles qu'un droit de retour, dans le cas où il deviendrait nécessaire de rendre un petit cours d'eau navigable; et que si l'administration est appelée à exercer sur ces rivières une surveillance, ce n'est qu'à titre de police, et nullement au nom du droit de propriété (1). »

Enfin, tandis que je terminais cette analyse imparfaite des argumentations qui se reproduisent, la *Revue de législation et de jurisprudence* publie un fragment d'un nouvel ouvrage de M. Daviel, sur les *cours d'eau.* L'auteur persiste dans sa première opinion. Il l'étaye de plusieurs raisons, dont je n'indiquerai que les principales : 1° — Sous le droit romain, les rivières non navigables appartenaient à ceux dont elles traversaient les domaines (2) : « Attribution de propriété bien légitime et fondée sur la nature des choses, puisque le lit d'un

______

(1) *Commentaire du tit. de la prescription*, p. 231.

(2) « *Nihil enim differt a cæteris locis flumen privatum*, l. 1, § 4 ff. *De fluminib.* C'est de ce texte que Boërius, *decis.* 352, n. 4, a déduit cette solution : *Aquæ et flumina non navigabilia existentia, vel transeuntia in territorio alicujus, dominii sunt illius, et facit de his quod vult.* »

La loi romaine ci-dessus citée ne parle que des rivières qui appartiennent aux particuliers (*flumen* PRIVATUM), et n'aurait pu, par conséquent, s'appliquer aux rivières *publiques* (*flumina* PUBLICA). Quant à la citation de Boërius, voy. *infrà,* p. 44.

cours d'eau étant un démembrement primitif du domaine que ce cours d'eau traverse, il doit être considéré comme en faisant toujours partie intégrante. » — 2° De même, dans le second capitulaire de Dagobert (1), la seule condition imposée aux constructeurs des moulins et des écluses, est celle de ne pas nuire à autrui : condition qui, étant commune à l'exercice de toute espèce de droit, prouve bien que la propriété des cours d'eau n'était, dans les anciens statuts des nations frankes, soumise à aucune règle d'exception. — 3° En attribuant à la couronne la propriété des rivières navigables, les anciens édits des rois de France n'avaient en rien modifié les droits des propriétaires dont les fonds étaient traversés par des cours d'eau non navigables ni flottables : au contraire, par cela même que ces édits rangeaient les premiers seulement dans le domaine du souverain, ils déclaraient virtuellement que les autres étaient la propriété des particuliers. — 4° Tous les vieux auteurs s'accordent en ce point, que les rivières non navigables n'étaient pas dans le domaine public, et qu'elles étaient susceptibles de propriété privée. C'est à l'histoire de la féodalité qu'il faut demander la cause de cette incertitude. Dans beaucoup de provinces, les seigneurs parvinrent à convertir en droits de propriété, des attributions qui n'étaient que de police sur ces rivières. Cette méthode d'usurpation fut toujours à leur usage. Partout ils étaient parvenus à se créer, lors de la rédaction des coutumes, des droits que l'Assemblée constituante restitua aux riverains. — 5° Il est sans doute regrettable que cette Assemblée n'ait pas produit une œuvre complète sur la propriété des cours d'eau ; mais il n'en est pas moins vrai de dire que, soit par

(1) *Vide infrà*, p. 31, n. 2.

l'abolition de la féodalité, soit par le maintien implicite des anciens principes du droit civil, la propriété des riverains a été virtuellement consacrée. Il suffisait pour cela qu'aucune disposition nouvelle n'intervînt. « Les cours d'eau non navigables ne restaient pas sans maîtres; ils retrouvaient ou conservaient leurs anciens propriétaires, suivant que la loi du lieu où ils étaient situés, avait ou non subi l'usurpation féodale. » — 7° « Et s'il faut bien admettre que les riverains sont propriétaires du lit des petites rivières, comment leur dénier la propriété des cours d'eau considérés comme volume constant et toujours identique à lui-même? Suivant l'article 552, la propriété du sol emporte la propriété du dessus. Le propriétaire du lit est donc propriétaire de l'eau qui en est l'accessoire. L'air est un fluide aussi qui, comme l'eau courante, échappe à toute possession exclusive, et pourtant, en vertu du principe reconnu par l'art. 552, le propriétaire du terrain est réputé propriétaire de tout l'espace au-dessus, *usque ad cœlum*. Or, l'eau coule sur le sol du propriétaire, comme l'air circule au-dessus (1). »

M. Daviel invoque la discussion qui eut lieu à la Chambre des Pairs, en 1828, sur la proposition de M. Boissel de Montville : « L'opinion presque unanime de la Chambre fut que le droit des riverains était consacré par la législation existante (2); » et celle de la loi sur la pêche fluviale où, l'année suivante, « il fut bien entendu que si l'on reconnaissait aux riverains un droit précis à

(1) *Revue de législation et de jurisprudence,* t. III, p. 418-431.

On trouvera dans ce même recueil, t. IV, p. 194-213 (1836), une dissertation pleine de sagacité, par M. Foucard, professeur de droit administratif à la faculté de Poitiers. M. Foucard partage l'avis de M. Proudhon.

(2) *Vid. infrà,* p. 93, 94, et la note de cette dernière.

la pêche, ce droit était la conséquence de leur propriété sur le cours d'eau; et l'opinion contraire, soutenue par le Ministre, ne fut appuyée par aucun membre de la Chambre (1). »

SECTION II.

EXAMEN DE LA QUESTION DANS LES TEMPS ANTÉRIEURS A LA LOI DES 4-5 AOUT 1789.

Grotius, dans son traité du *Droit de la guerre et de la paix*, qui devint classique, on le sait, aussitôt qu'il fut publié à Paris en 1624 (2), a discuté et résolu, selon le droit naturel, la question sur laquelle on est si peu d'accord aujourd'hui.

Il dit (liv. II, chap. VIII) :

« § VIII. 1. Il y a là-dessus (*sur les accroissements des terres qui se font lorsqu'une rivière se retire ou change de cours*) un grand nombre de décisions des anciens jurisconsultes, et plusieurs traités anciens et modernes.

« 2. Mais tout ce qu'on dit sur cette matière n'est fondé, pour la plus grande partie, que sur les usages de quelques nations, quoique ces auteurs donnent souvent leurs décisions pour conformes aux maximes du droit naturel. Ils raisonnent le plus souvent sur ce principe : Que les bords d'une rivière appartiennent aux propriétaires des fonds voisins, et le lit même de la rivière, aussitôt que la rivière le quitte; d'où il s'ensuit que les îles qui se forment dans la rivière sont aussi à eux.

« 3. De plus, à l'égard des inondations, ils distinguent les grandes d'avec les petites, et ils disent que les premières font perdre aux anciens maîtres des fonds

(1) *Rev. de législ.*, *ubi supr.*, p. 430.
(2) Biogr. univers. de M. Michaud, XVII, 547.

inondés, tout le droit qu'ils y avaient, mais que les autres laissent ce droit en son entier ; de telle sorte que si la rivière se retire tout d'un coup, les champs même entièrement inondés retournent à leurs anciens maîtres, comme par droit de *postliminie* ; mais que, quand la rivière se retire peu à peu, les anciens propriétaires n'ont plus rien à prétendre à ces terres découvertes, et que même elles reviennent aux propriétaires des fonds les plus proches.

« Tout cela, je l'avoue, a pu être ainsi établi par les lois civiles ; et on trouve même de quoi justifier la sagesse de ces règlements, par la raison qu'il est à propos d'engager les propriétaires des fonds à entretenir les bords de la rivière voisine : mais qu'ils soient fondés sur le droit de nature, comme les jurisconsultes dont il s'agit semblent croire, c'est de quoi je ne saurais convenir.

« § ix. 1. En effet, si l'on considère ce qui arrive ordinairement, les peuples en corps se sont emparés de toute l'étendue d'un pays, et pour la juridiction, et pour la propriété, avant que l'on assignât des terres à chaque particulier. Selon Sénèque, *on appelle le pays des* Athéniens *ou des* Campaniens, *toute l'étendue des terres qui appartiennent à ces peuples, quoique chaque particulier y ait ensuite sa portion distinguée de celle des autres par certaines bornes. Il n'y a rien*, dit Cicéron, *qui appartienne naturellement à telle ou telle personne plutôt qu'à toute autre ; mais le droit de propriété qu'on a sur certaines choses vient, ou de ce qu'on s'en est emparé le premier, comme firent ceux qui s'établirent au commencement dans des lieux inhabités, ou des conquêtes, ou des lois, des conventions, des conditions que les particuliers font ensemble, ou de la décision du sort. C'est sur quelqu'un de ces fondements que le territoire d'*Arpine *et celui de* Tusculum *appartiennent à ces deux villes. Il faut dire la même chose des biens que chaque particulier possède.* L'orateur Dion de Pruse remarque qu'*il y a bien des choses que l'État regarde comme siennes en général, quoiqu'elles aient été assignées à tel ou tel particulier.* Les anciens Germains, au rapport de Tacite, *s'emparaient en commun, par villages, d'autant de terres qu'ils en pouvaient cultiver : ensuite ils les partageaient, selon la condition de chacun.*

'«'Ainsi tout ce dont un peuple s'est emparé au commencement, et qui n'a point ensuite été partagé, est censé appartenir en propre à ce peuple. Et comme une île née dans une rivière qui appartient à quelque particulier, est à ce particulier, aussi bien que le lit de la rivière lorsqu'elle vient à changer de cours : de même, dans une rivière appartenant au public, l'ILE ET LE LIT sont au peuple, ou à celui à qui le peuple a donné de telles choses. Il en est de même des *bords* de la rivière, qui sont la partie *extérieure du lit,* c'est-à-dire, de l'espace dans lequel la rivière a son cours naturellement.

« 2. L'usage commun est aujourd'hui conforme à ce que je viens de dire..... (1). »

La religion des nations antiques confirme cette décision.

Toutes, en effet, révérèrent particulièrement, également, les fleuves et les rivières. Les traditions bibliques (2) s'accordent sur ce point avec les témoignages de l'histoire.

Les Égyptiens adoraient le Nil (3), les Indiens, le

(1) Trad. de Barbeyrac.

(2) *Liber Sapientiæ*, c. XIII, 1, 2.

(3) Les Égyptiens modernes conservent leur respect pour lui. Ils l'appellent *Saint, Béni, Sacré,* dit Volney, et supposent à ses eaux une vertu purifiante et divine (I, ch. III, p. 17).

grand et le petit Gange, les Scythes, le Danube, les Massagètes, le Tanaïs et les Palus-Méotides, les Athéniens, l'Illisus(1). « L'impie qui traverse un fleuve sans laver ses mains, dit Hésiode, provoque la colère des dieux et s'attire des malheurs dans l'avenir (2). »

Les Perses, Hérodote nous l'atteste, rendaient un culte aux fleuves (3).

Le Tibre était la divinité tutélaire de l'Italie. Les magistrats romains n'osaient passer le ruisseau *Petronia*, pour entrer au Champ-de-Mars, qu'après avoir consulté sur ses bords les augures. Jules-César voue au Rubicon, avant de le traverser pour marcher contre Rome, un assez grand nombre de chevaux qu'il abandonne à eux-mêmes dans les pâturages des environs (4). Les Romains apprenant que Néron s'est baigné dans la fontaine de *l'Aqua-Martia*, lui en font un crime qui le couvre d'infamie à leurs yeux, et le met en danger de la vie (5).

Les rivières obtenaient partout le même culte que les fleuves navigables. Les médailles représentent ceux-ci en hommes âgés et barbus. Les cours d'eau qui pouvaient à peine porter bateau, y sont de jeunes hommes sans barbe. Les Agrigentins adoraient, sous la figure d'un bel enfant, la petite rivière qui passait par leur

---

(1) Voy. dans le XIIe vol. de l'*Hist. de l'Académie des inscriptions et belles-lettres*, p. 27 et suiv. (*Histoire*), *un mémoire sur le culte des divinités des eaux* ; — l'*Histoire des Celtes*, par Peloutier, t. II, p. 19, 100, 101, 103, 107, 201, 344; — *De la religion des Gaulois*, par dom Martin, t. I, p. 71, 121, 123, 128, 129, 131, 132, 133, — Dulaure, *Histoire abrégée des différents cultes*, 1825, t. II, p. 72 et suiv. — *Histoire des Gaulois*, par M. Serpette de Marincourt (1822), t. III, p. 317, 320; — par M. Amédée Thierry (1828), t. II, p. 76.

(2) *Opera et dies*, II, trad. de M. Bignan, dans les *petits poëmes grecs* (éd. de Lefèvre, 1841), p. 78.

(3) I, cxxxviii, trad. de Larcher.

(4) *Tacit., Histor.*, II, 278.

(5) Voy. les ouvrages cités dans la note 1 ci-dessus.

ville, ce qui signifie qu'elle était fort médiocre et avait très-peu de cours (1).

Les Gaulois, les Germains et les populations primitives que la Grande-Bretagne avait reçues de la Gaule, partagèrent cette idolatrie (2). Nous savons par Grégoire de Tours (3), que les peuples du Gévaudan rendaient des honneurs religieux à un lac de ce pays, qu'ils s'y rassemblaient en foule pendant trois jours, et y jetaient, les uns des pièces de toile ou de drap, les autres des formes de fromage ou de cire, et des pains tout entiers. Ces fêtes annuelles ne cessèrent qu'après qu'on eut bâti, non loin de là, une église placée sous l'invocation de saint Hilaire de Poitiers (4).

Strabon parle des lacs dans lesquels les Tectosages enfouissaient leurs richesses (5).

Les Sénonais avaient divinisé l'Yonne, sous le nom de la déesse ICAUNE (6).

Ausone salue la fontaine Divona, comme le génie de la cité de Bordeaux (7).

Saint Éloi, au septième siècle, conjurait son peuple d'abjurer ces égarements (8). Le roi Canut le Grand les fit cesser plus tard en Angleterre (9).

(1, 2) Voy. les ouvrages cités dans la note 1 de la pag. 23.

(3) *Histor.*, II, 278.

(4) *De gloria confessor.*, cap. 2.

(5) Strabon, liv. IV, p. 188, de la trad. française in-4°.

(6) L'abbé le Beuf découvrit à Auxerre, en 1721, l'inscription qui atteste ce fait, au milieu *des débris d'un temple :* elle était *fort enfoncée dans l'intérieur du mur. (Rec. de divers écrits pour servir d'éclaircissements à l'histoire de France et de supplément à la notice des Gaules* (Paris, 1738), t. II, p. 186, par l'abbé le Beuf.)

(7) Salve urbis Genius, *de Clarib. urb.*, v. 156.

(8) *Hist. ecclés.* de Fleury, VIII, 564.

(9) Lindembrog, *in Glossar.*, p. 1473. Les Gaulois attribuaient aux divinités des eaux le pouvoir d'exciter des tempêtes. Cette superstition populaire subsistait encore à Toulouse en 1557 ; car J. Bodin,

Les rivières appartenaient donc exclusivement aux peuples dont elles traversaient le territoire.

Ils pouvaient seuls en disposer. Aussi les habitants de Collatie, après s'être rendus à Tarquin l'Ancien, contre lequel ils venaient de se révolter, donnèrent à ce roi et au peuple romain « Eux et leur ville, leurs terres, EAUX, « temples et biens, et généralement toutes choses, tant « divines qu'humaines (1). »

Tous les peuples qui subissaient le joug des Romains comme *Dedititii*, ne conservaient la propriété de rien, dit Polybe ; ils lui livraient leur pays, leurs villes, tous les habitants, hommes et femmes, TOUTES LES RIVIÈRES....... (2).

Les Séquanais disputaient à leurs voisins les Éduens, la possession exclusive de la Seine (3), afin de jouir des droits de navigation qu'on y prélevait (4).

La domination romaine dans la Gaule eut nécessairement pour effet d'attribuer au fisc de l'Empire l'entier domaine de toutes les rivières, puisque la législation générale des vainqueurs n'abandonnait aux riverains que les cours d'eau qui n'étaient point pérennes (5).

qui se trouvait alors dans cette ville, vit, *en plein jour, les petits enfants traîner les crucifix et les images en la rivière,* afin d'occasionner une pluie abondante dont on avait besoin. (*Démonomanie des sorciers* (par cet écrivain), livr. II, p. 221, 222.)

(1) Plutarque (d'Amyot), *Vie de Tarquin l'Ancien,* c. XVIII.

(2) Excerpt. Legat., CXLII.

(3) Strabon, *ubi supr.,* p. 48.

(4) Chez les Perses, les mages, qu'on a si souvent comparés avec les druides, « avaient en propriété tout ce qui concernait le culte des dieux. » *Religions de l'antiquité,* par M. F. Creuzer, trad. de M. Ch. Guigniaut, t. I, p. 316.

(5) *Flumina quædam publica sunt, quædam non. Publicum flumen esse Cassius definit, quod perenne sit.* Dig., lib. XLIII, tit. XII, l. I, § 3, *de fluminibus,* etc.

Cette législation déclarait, au contraire, publiques, ainsi que leurs rives, les rivières dont le cours était continu, qu'elles fussent navigables on non (1); et l'Édit du préteur protégeait également les unes et les autres : *Pertinet autem* (interdictum) *ad flumina publica, sive navigabilia sint, sive non sint* (2).

Strabon ne permet à cet égard aucun doute : il rapporte que les Romains vendirent au profit du domaine impérial les lacs qui renfermaient les trésors des Tectosages, et que plusieurs des acheteurs retirèrent de ces lacs des masses énormes d'argent (3).

Il est non moins incontestable que Clovis recueillit ce domaine immense (4). Il acquit surtout la pleine propriété de toutes les rivières.

« Les peuples de l'ancienne Germanie, dit Grotius, pensèrent sagement qu'on ne pouvait mieux faire d'abord que de leur assigner ce qu'on pouvait leur donner *sans ôter rien à personne*, telles que sont toutes les choses qui n'ont point encore de maître. Je vois qu'on en usait de même en Égypte, où un intendant des rois avait charge de faire entrer dans le domaine royal ces sortes de choses (5). »

Les rois francs disposent de leur domaine et de tout ce qui en dépend, d'une manière absolue.

Childebert Ier investit l'abbaye de Saint-Vincent, nom-

---

(1) D. lib. XLIII, tit. xiii, L. I et § 2 de la même loi, *ne quid in flumine publico*, etc.

(2) D. lib. XLIII, tit. xiii, l. 1 et § 2.

(3) Lib. IV, p. 181.—Add. M. Dureau de la Malle, *Écon. polit. des Romains*, 1840, t. II, 443.

(4) Il serait superflu de citer des autorités à l'appui de ce fait.

(5) *Du droit de la guerre et de la paix*, lib. ii, chap. ii, § xii. Add. Puffendorff, *Le droit de la nature et des gens*, liv. iv, ch vi, *in fine* (trad. de Barbeyrac).

mée ensuite Saint-Germain, de son domaine d'Issy, avec la pêcherie de Vanves, depuis le pont de la Cité jusqu'au ru de Seure, entrant dans la rivière de Seine : *Has omnes piscationes, quæ sunt et fieri possunt in utraque parte fluminis, sicut nos tenemus, et nostra forestis est, tradimus ad istum locum* (1).

En 780, Charlemagne abandonne à l'église cathédrale d'Utrecht une rivière nommée Lecca (2).

Louis le Débonnaire donne aux religieux de Saint-Aubin une masure, et la permission d'avoir un pêcheur dans le cours d'eau qui la traversait : *Et cum una masura terræ, concesso eis uno piscatore in aquâ ibi fluente* (3).

Le roi Eudes donne à son tour, à l'abbaye de Saint-Denis, en 888, un hameau, un moulin et un conduit d'eau de part et d'autre, tant au-dessus qu'au-dessous de la rivière de Rodon (4).

La même abbaye reçoit de Charles le Chauve le village de Cadousse, avec la *forét des Pesches*, depuis Lisiny jusqu'à Taveaux, et celui de Rueil, ainsi que la *forest d'eau*, depuis la rivière de Saure jusqu'à Chambrieu (5).

Le couvent de Saint-Bénigne de Dijon lui dut la *forest des Poissons* de la rivière d'Aische (6).

Le roi Zwentebold concède à un monastère de Flandre la pêche dans la Moselle : *Concessimus..... nostram piscationem scilicet in foresta nostra super fluvium Mosellæ in unaquaque hebdomada dies duos....* (7).

(1) Glossar. Ducang. V. *Foreste, Forestis.*

(2) *Miræi Opera diplom.*, lib. II, c. VI, p. 245.

(3) Ducang., v° *Piscatores.*

(4) Mansum unum....., cum molendino uno, et ductu aquæ ex utrâque parte supra et subtus fluvio Rodono. (Doublet, *Antiquit. de l'abbaye de Saint-Denis*, II, p. 810.)

(5) Doublet, *ubi supr.*, II, 803, 806.

(6) Pecquet, préface, p. IV.

(7) Glossar. Ducang., V. *Foreste, Forestis.*

Les rois francs donnaient même, *jure perpetuo*, fiscum......... *cum piscationibus, et portu navium* (1).

Quand la donation ne comprenait pas la totalité du territoire traversé par un cours d'eau, l'on ne manquait point d'énoncer qu'elle s'étendait seulement jusqu'à la rivière (2), ou jusqu'au bord de la rivière (3).

Leurs libéralités bénéficiales dépouillent les rois du domaine *utile* de ce qui en est l'objet ; mais ils en conservent le domaine *direct* ou éminent, et une législation spéciale leur assure la conservation de leur domaine *privé*.

La loi romaine perd donc à cet égard toute son autorité parmi nous, puisque notre droit national s'établit sur des principes absolument différents. On a trop oublié jusqu'à présent cette circonstance capitale, dans le

(1) Dom Bouquet, IX, 697.

(2) Cum omnibus possessionibus suis infra istas decurrentias, scilicet a *flumine Potentino usque ad flumicellum*, quod vadit sub montem Zari, et a flumicello extenditur in montem acutum.—Charta an. 1410 ap. Charpentier, Nov. Glossar., v° Flumicellus.—*Idem*, v° Fluvius.

(3) Clovis fonda le premier monastère qui ait existé dans son royaume, en donnant à saint Euspice et à Maximin, son neveu, la terre de *Micy* et tout ce qui appartenait à son fisc *entre les deux rivières*. Sanctus Euspicius e Virdunensi civitate à Choldovæo I Francorum rege, Aurelianos adductus cum Maximino, ibi donatur Miniaco et omnibus intra fluminum alveos ad fiscum regium pertinentibus....... (*Gallia christiana*, t. VII, p. 1526, 2ᵉ col.)

Jusqu'à la rivière d'Eyse : *usque ad ripam d'Eyse, id est, usque ad fluvium OEsiæ.* —Ducange, v° *Ripa*, 2.

Exceptis tamen....., videlicet territorio quod est inter ripariam d'Aygni et ripariam de Crotef. — Ducange, v° *Riparia* (fluvius, ex Gallico *Rivière*.)

Riparia, ager ad ripam fluvii vel rivuli, in quo cannabis seritur (Carpentier, *Nov. Glossar.*, 2 riparia.) — Dictus confitens tenetur solvere in et pro quodam suo cheneverio sive riparia juxta rivum, etc. (Ib.)

Un notaire exact et attentif ne serait pas plus net et plus précis de nos jours dans la rédaction de ses actes.

débat qui s'agite. Un des doctes professeurs de la Faculté de droit de Paris a fait avant moi cette remarque, en rendant compte de l'ouvrage de Proudhon. « Cette habitude de décider les questions de droit français par les textes du droit romain, dit-il, habitude à laquelle cèdent souvent ceux mêmes qui en reconnaissent ouvertement l'inconvénient et l'abus, a conduit beaucoup de nos jurisconsultes à poser en principe, peut-être un peu légèrement, que chez nous les riverains sont propriétaires du cours et du lit des rivières qui ne sont ni navigables ni flottables (1). »

Aimoin, qui nous a laissé *l'Histoire des Français* jusqu'à la seizième année du règne de Clovis (l'an 639) (2), cite, parmi les officiers de la royauté, le *regius forestarius* (3). Flodoard nomme *forestarii regii*, les gardes des forêts du roi : *custodes regii saltus* (4).

Ainsi, Étienne Pasquier a remarqué fort justement, que, parmi nous, dès les premiers âges de la monarchie, le mot *forest*, vieux bas-allemand, convenait aussi bien aux *Eaues* qu'aux bois, signifiant *Deffens* (5). Cette observation importante n'a pas échappé aux auteurs du *Dictionnaire de Trévoux*. « En vieux français, disent-ils, le mot de forest signifiait aussi bien les eaux que les bois. De là vient qu'on n'a fait qu'une seule juridiction des eaux et *forêts*, puisque autrefois le mot de *forêt* portait aussi bien le droit d'exclusion de pêcher dans la rivière, que de chasser et de couper du bois (6). »

---

(1) M. Paul Royer-Collard, *Rev. de législ. et de jurispr.*, t. I, p. 459.

(2) *Biogr. univ.* de Michaud, II, 352.

(3) Lib. V, c. 47.

(4) Glossar. Ducange, V. *Forestarii regii.*

(5) OEuvres, t. I, p. 125, dern. alin.—Add. J. du Tillet, *Rec. des rois de France*, p. 144.

(6) V° *Forêt*, t. III, p. 1743.

On lit dans la charte précitée de Childebert Ier : *Foreste, forestis, vivarium piscium.*

Les Capitulaires de Charlemagne portent, sous le titre de *Forestibus* dominicis : *de forestis, ut forestarii benè illas defendant, simul et custodiant bestias et pisces* (1); — *de forestibus nostris, ut ubicumque fuerint, diligentissimè inquirant comites et vicarii et centenarii, quomodo salvæ sint et defensæ* (2).

Ce monarque ordonne à ses intendants de lui rendre compte tous les ans, à Noël, du produit de ses moulins, des péages (3) sur les ponts et dans les bacs qui lui appartiennent, ainsi que de la pêche dans ses rivières (4).

Or, le capitulaire *de Villis*, qui contient cet ordre, régissait peut-être le quart de la France, et servit tout au moins d'exemple, dit M. Simonde de Sismondi (5), aux bénéficiers ou seigneurs laïques et ecclésiastiques, pour régir les trois autres quarts du territoire.

La même législation plaçait aussi, d'ailleurs, *les grands chemins et les rivières* (6) sous la juridiction des comtes, de leurs lieutenants ou vicaires, et des centeniers, qui étaient tout à la fois chargés de les administrer et de

---

(1, 2) Capitul. (éd. de Chiniac), col. 5io, art. 18; — 787, art. 44, 45.

(3) Attachés à la propriété des fonds, les péages appartenaient aux particuliers comme au roi. (*Les Origines, ou l'ancien gouvernement de la France, de l'Allemagne et de l'Italie,* par le comte du Buat, liv. II, ch. XXXV.)

(4) Art. lxii. — Ut unusquisque judex per singulos annos ex omni conlaboratione nostra quid de......, quid de *molinis*....., quid de *pontibus*, vel *navibus*.... omnia seposita, distincta, et ordinata ad nativitatem Domini nobis notum faciant, ut scire valeamus quid vel quantum de singulis rebus habeamus. (Balus. I, col. 33i.)

(5) *Hist. des Français,* II, 277.

(6) Capitul., II, col. 338, ch. XXXII. — *Hist. de Charlemagne,* par le moine de Saint-Gall, lib. I, ch. XXXII.

punir les délits qui pourraient y être commis (1). Il devait en être ainsi, puisque, selon l'heureuse et vive expression de Pascal, les rivières sont des chemins qui marchent et qui portent où l'on veut aller. C'est pour cela probablement qu'on ne trouve dans la collection des Capitulaires aucune disposition explicite sur le régime des cours d'eau publics. Celle de Dagobert, qui autorisait le propriétaire des deux rives d'une rivière à y construire des moulins et des écluses, pourvu qu'il n'en résultât aucun dommage pour personne (2), n'était point obligatoire *en deçà du Rhin*, car elle fait partie de la loi des Allemands. On ne saurait, au surplus, sans se méprendre beaucoup, selon moi, sur sa portée, en conclure, comme M. Daviel (3), que la propriété des eaux pérennes n'appartenait pas à la seigneurie des pays où cette disposition était en vigueur. Comme tous les autres peuples d'origine germanique, les Allemands avaient leur duc et leurs comtes (4). Le pouvoir et les attributions de ces bénéficiers étaient partout les mêmes, et l'Allemagne, encore au siècle de l'empereur Frédéric, suivait les principes de notre droit national (5). Enfin, ici l'autorisation atteste une interdiction subsis-

---

(1) Lex sal., tit. xix, *de furtis diversis*, art. 31, 32.

(2) I. Si quis mulinum aut qualemcunque clausuram in aquâ facere voluerit, sic faciat *ut nemini noceat*. Si autem nocuerit, rumpatur usquè dùm non noceat.

II. Si ambæ ripæ suæ sunt, licentiam habeat. Si autem una alterius est, aut roget, aut comparet. (Dagob. Regis cap. secund., tit. LXXXIII, *De eo qui aliq. claus. in aq. fecerit.*)

(3) *Suprà*, p. 16.

(4) Mézeray, *Histoire de France* (Amsterdam, 1740), t. II, 313. — Dubos, *Histoire de l'établissement de la monarchie française*, II, 463, 464.

(5) Bouquet, *le Droit public de la France expliqué*, p. 460.

tante, et la restriction même de ses termes prouve qu'il n'appartenait qu'au roi de l'accorder.

Tant que les bénéfices de dignité et les bénéfices fiscaux restèrent amovibles et viagers, leurs possesseurs n'eurent, en droit, que leur produit utile.

L'élévation de Hugues Capet au trône les rendit tous irrévocablement patrimoniaux et héréditaires. Ce monarque, qui ne fut proclamé qu'à ce prix par ses compétiteurs et ses égaux, en jouit ainsi, au même titre qu'eux, dans son comté de Paris. N'oublions pas que le royaume se trouvait alors démembré en cinquante-cinq duchés, comtés, vicomtés et seigneuries, et que chacune d'elles avait, depuis près d'un siècle, son existence politique indépendante, ses souverains, ses lois et ses usages particuliers (1).

Ainsi s'établit la maxime en vertu de laquelle le seigneur féodal avait, soit en domaine, soit en directe, la propriété universelle et privée de sa circonscription censuelle, d'une manière aussi absolue que le haut justicier possédait la seigneurie publique de chaque arrondissement de justice. Cette seigneurie fut sans doute un démembrement de la souveraineté générale, mais on n'en disposait pas moins comme d'une propriété privée.

En 1134, Henri Ier, roi d'Angleterre, concéda *omnes regias libertates... aquam* (2), *ignem...* (3).

L'empereur Frédéric donna lui-même, en l'année 1175, à une église, *omnia* civitatis regalia, videlicet aquaticum (4)... (5).

(1) M. Guizot, *Cours d'histoire*, t. II, p. 436, 437 ; IV, 381.
(2) Aqua, jus utendi aqua seu in ea piscandi. (Ducange.)
(3) Glossar. Ducang., v° 7, *aqua*.
(4) Jus utendi aqua. (Id.)
(5) Glossar. Ducang., v° *Aquaticum*. On tenait en fief les eaux et cours d'eau. (Marculf., lib. I, formul. XIII.)

Il en était encore de la sorte sous saint Louis; car ce prince, effectuant un échange avec l'archevêque de Rouen, lui accorde, non-seulement *toute manière de justice* dans les lieux qu'il lui cède, mais, en outre, le *plein droit royal* de ces lieux, sans y rien réserver : *pleno jure regali, nihil penitus retinens in prædictis* (1).

En 1159, Louis le Jeune fait don au couvent de Saint-Magloire de la *propriété* de la Seine, depuis la pointe de l'île Notre-Dame jusqu'au Pont-au-Change.

Le corps municipal de ce temps-là fut obligé, plus tard, d'acheter de ce couvent le droit de bâtir un pont sur cette partie de la rivière (2).

La conversion de tous les fonds des anciennes *villæ*, allodiales ou bénéficiales, en propriétés particulières, conversion prononcée par l'ordonnance de Philippe le Bel, du mois d'avril 1289 (3), n'eut pour effet que de transformer ces *casalages* en emphytéoses perpétuelles, sous la rétention d'un *canon annuel*, qu'on nomma ensuite *rente seigneuriale* (4).

Le seigneur de chaque territoire continua donc de conserver exclusivement tout ce qu'il n'avait pas expressément aliéné dans l'origine; et il se réservait tout ce qui n'était précisément, ni un *produit*, ni un *moyen* de culture, et notamment *l'eau et le poisson des rivières*... (5).

Toutes les collections historiques sont remplies de chartes d'aliénation ou d'inféodation des eaux et des

(1) Brussel, *Nouvel examen de l'usage général des fiefs*, etc., tom. I, 265.

(2) Delamarre, *Traité de la police*, IV, 392.

(3) Ordonnances de France, in-fol., XII, p. 335; — XIII, 442.

(4) Raepsaet, *infrà*, n. 2, 3 de la p. 36.

(5) Le comte du Buat, *Maximes du gouvernement monarchique*, II, 237, in fine.

cours d'eau : *cum aquis aquarumque* (vel *aquarumve*) *de cursibus, viis et inviis* (1).

Au quatorzième siècle, le dauphin Humbert II accorde aux habitants du Briançonnais le droit de dériver l'eau des rivières, et d'en arroser leurs champs, sans aucune redevance domaniale.

Le même privilége fut concédé aux propriétaires de moulins et engins en Provence, dans le même siècle, par un statut du roi René.

La propriété des eaux dépendait à tel point de la puissance publique qui régissait le territoire, qu'un gentilhomme ayant *eau courante* dans sa terre, ne pouvait y *défendre la pêche*, sans le consentement du baron en la châtellenie duquel il se trouvait, et sans celui du vavasseur (2) ou bas justicier.

On peut se faire une idée de l'organisation de chaque haute seigneurie du treizième siècle, quand on voit le duc de Lorraine déclarant, dans une charte de l'année 1255, *qu'il avoit ou vaul de champz trente dous frostriers restorables ou nuls ne prent rien maques nous*.....(3).

Il n'y avait pas, dans ce temps-là, de propriété parfaite sans juridiction (4).

Les *Consuetudines feudorum*, qui ont été le code du droit de la féodalité, consacrèrent cet ordre de choses, en n'y portant point atteinte; elles ne plaçaient sous l'empire des droits régaliens que les voies publiques et rivières navigables : *viæ publicæ, flumina navigalia*, dit le titre LVI du liv. II, *Quæ sint Regaliæ.*

---

(1) Voyez notamment celles que Doublet rapporte, *ub. suprà*.

(2) *Établissements de saint Louis*, liv. I, ch. CXXII.

(3) *Nov. Glossar.*, v° *Forestaria.*

(4) *Les Maximes du gouvernement monarchique*, par le comte du Buat, t. II, p. 217.

Cette disposition cependant ne s'observait point en France au commencement du quatorzième siècle.

Aucune distinction n'y était admise, en effet, quant à la propriété du seigneur, entre les rivières navigables et celles qui ne l'étaient point. Un traité conclu par le roi, le 2 janvier 1303, avec l'évêque de Viviers et son chapitre, reconnut ceux-ci propriétaires en *franc-alleu*, des terres qu'ils possédaient dans le Rhône (1). Quand les officiers de Louis le Hutin entreprirent de contester aux nobles ainsi qu'aux religieux de la Bourgogne, du Forez, etc., la propriété du sol des grands chemins et rivières publiques de leur territoire (*cheminorum vel itinerum et fluminum publicorum*), elle fut par eux revendiquée. Ce prince ordonna d'enquérir sur l'usage du temps de saint Louis et de Philippe le Hardi, afin de se conformer au droit commun, si l'une ou l'autre des parties ne prouvait pas sa prétention (2).

Il est permis de supposer que le résultat de l'information fut favorable aux réclamants; car, en Hainaut, un siècle auparavant, on avait trouvé « en conseil pour *différens* et jurisdiction du pays l'un contre l'autre, et est *claire, notoire et évident*, en droit, que l'Empire précédoit et emportoit l'entier chemin qu'ont rivières contre royaulmes ; — que royaulme précédoit et emportoit l'entier chemin que ont rivières, contre duché, principauté ; — que marquisat emportoit contre comté,

----

(1) *Anciennes lois françaises*, II, 855, art. 1, 2. (Je désigne ainsi la collection publiée par MM. Jourdan, Decruzy et Isambert.)

(2) *Ordonn. de France*, I, 572, (31.)

Inquiretur veritas, porte cette ordonnance du 17 mai 1317, *qualiter de premissis usi sunt, tempore beati Ludovici, et ejus filii Philippi regis, Francie, et stabitur illi parti, que melius probabit. Et si non probetur juri communi stetur* (31.)

— comté contre fief , — et fief contre main-ferme (1).»

Si le chemin qu'ont les rivières navigables dans l'intérieur d'une souveraineté eût appartenu exclusivement au souverain, dit Raepsaet, la distinction faite par ce règlement entre les duchés, les comtés et les fiefs, aurait été surabondante(2). Si le chemin que l'Escaut et la Lys avaient alors en France, et leur juridiction, y eussent été réputés des droits régaliens, ajoute ce savant historien de notre antique législation nationale, il n'y aurait point eu lieu à l'enquête ordonnée, puisque ces droits étaient imprescriptibles (3).

Nous venons de voir que l'ancienne organisation forestière n'avait pas cessé de subsister. Philippe VI investit les maîtres en cette partie, de la connaissance exclusive du *faict des forez, fleuves et rivières* (4).

L'excès de leur zèle suscita bientôt les plaintes des états généraux de la Langue d'oil (1355). Le roi y fit droit, en défendant à ses agents, *de lieignir congnoissance ne jurisdiction aucune de tels cas en la terre, ès eaues ou ès forès de ses diz subgiez, ou en la justice des prélaz, barons ou autres justiciers. Et se les diz maistres de nos eaues ou des forès vouloient faire le contraire, nous voulons et accordons que l'on ne soit pas tenuz de obéir à euls* (5).

(1) Règlement de la seigneurie de Trasignies, de l'année 1220, dans l'ouvrage qui suit.

(2, 3) *Analyse historique et critique de l'origine et des progrès des droits civils, polit. et religieux des Belges et Gaulois, comprenant les périodes gauloise, romaine, franque, féodale et coutumière*, II, 514, 515. Il est à regretter que ce savant ouvrage ne soit pas écrit avec plus de concision et de netteté.

(4) *Anciennes lois françaises*, IV, 527, 528, art. 31, 35, ordonnance du 29 mai 1346.

5) *Anciennes lois françaises*, IV, 753, art. 12 de l'ordonnance du

Le roi, en prononçant ainsi, assurait l'exécution des ordonnances antérieures, qui consacraient le droit seigneurial de haute et basse justice (1).

Les mêmes plaintes se renouvellent aux états de Languedoc, de 1456 (2).

Comment ne pas reconnaître, dès lors, que notre droit public, au milieu du quinzième siècle, consacrait très-explicitement la propriété et la juridiction des hauts justiciers sur les rivières publiques de leur circonscription ?

N'en induisons pas, toutefois, que la royauté eût complétement perdu le domaine direct de ces rivières. Divers actes émanés d'elle prouvent qu'elle l'exerça souvent, quoique les seigneurs jouissent pleinement des droits attachés à leur propriété foncière. Les prédécesseurs de Charles VII s'étaient bornés, il est vrai, à défendre *bac en toutes rivières,* à régler la police de la pêche *en toutes rivières grandes et petites* (3). Ce prince alla plus loin. En retour de l'aide que les états du Languedoc lui avaient accordée (4), il concéda aux habitants du diocèse de Nîmes la liberté de la pêche, excepté dans les domaines royaux et lieux défendus (5). Louis XI exerça ensuite, d'une manière plus éclatante encore, sa

28 decembre 1355. On retrouve la même disposition dans l'art. 23 de l'ordonnance rendue pendant la captivité du roi Jean, le 5 mars 1356. — *Id.*, eod., 829.

(1) *Idem*, IX, 306, art. 7.

(2) *Anc. lois franç.*, IX, 284, art. 7, et 306, art. 7.

(3) Ordonnances de 1292 (*Id.*, II, 691); — du 26 juin 1326 (*Id.*, III, 318, 322); — de juillet 1372, art. 52 (*Id.*, V, 471); — du 7 mars 1388 (*Id.*, VI, 666); — de mars 1515, art. 89 et 91 (*Id.*, XII, 72, 74); — de février 1554, art. 33 (*Id.*, XIII, 439).

(4) Dom Vaissette, *Hist. du Languedoc*, IV, 490.

(5) Ordonnance du 23 décembre 1439. (*Anciennes lois franç.*, IX, 71.)

puissance, en permettant à toutes gens, de quelque
état ou condition qu'ils fussent, de cueillir et amasser
dans tout le royaume, l'or de paillolle ès fleuves et rivières, *sans en demander congié ou licence aux seigneurs
particuliers, ecclésiastiques ou séculiers,* par les seigneuries desquels passaient lesdites rivières (1).

Les plaintes contre les entreprises continuelles des
agents des eaux et forèts se reproduisent aux états
généraux de Tours. « Aussi semble ausdicts états, disent-
ils, que les maîtres des eaues et des forests ne doivent
entreprendre sur la justice temporelle des églises, des
nobles et autres justiciers, ainsi qu'ils ont entreprins
par ci-devant cognoissance, dont ladite cognoissance
appartient ausdits justiciers, ainsi que contenu est ès
anciennes ordonnances (2). »

Et Charles VIII répond : « En ensuivant les ordonnances faites, seront faits les commandements nécessaires
comme est requis par l'article (3). »

Les états généraux d'Orléans (1560) dénoncèrent, avec
autant de fermeté que de courage, les abus dont le bien
public réclamait le redressement. Néanmoins, ils se plai-
gnirent seulement de ce que les droits de péage et
louage sur les rivières n'étaient pas exactement employés
à l'entretien des ponts, passages et chaussées (4). Ils
demandèrent sans doute qu'il n'y eût plus désormais
qu'une seule justice et juridiction en première instance,
dans chaque ville close et dans chaque paroisse du plat

(1) Deux lettres du 23 mai 1472. (*Ordonn. des rois de France,* in-fol.,
t. XVII, 483, 486.)

(2) *Des États généraux et autres assemblées nationales,* t. IX, p. 263,
2ᵉ alinéa.

(3) *Anc. lois franc.,* XI, 93, 5ᵉ alinéa.

(4) *Des États généraux,* etc., XI, 323, art. 91.

pays (1). Mais « en quoi faisant, ajoutèrent-ils, lesdits du *tiers état n'entendent abolir entièrement la juridiction des seigneurs......* (2). »

L'ordonnance du mois de janvier 1560 fit droit à la première de ces demandes (3). Le roi différa de pourvoir à la seconde, parce que les députés n'avaient pas été *unanimes* sur ce point (4). Le chancelier de l'Hospital, qui n'était point pourtant un esprit rétrograde, pensa probablement que le moment n'était pas venu d'accueillir ce vœu.

La propriété des seigneurs sur les eaux courantes de leur territoire fut successivement consacrée dans la rédaction de diverses coutumes locales ; elle l'était notamment par celles du *Bourbonnais* et de *Sens*, rédigées en 1500 et en 1506, ainsi que par celles d'*Amiens*, d'*Auxerre*, de *Boulogne*, d'*Anjou*, du *Maine*, de *Metz*, de *Normandie*, de *Tours* et du *Poitou* (5). Les unes faisaient de cette propriété un droit de *fief* ou de *domaine*, les autres un droit de *justice*.

Henri II, par des lettres patentes de 1549, enregistrées au parlement de Grenoble, déclara que les eaux des ruisseaux et rivières, traversage et usage des chemins publics du Dauphiné, par droit de coutume lui appartenaient et étaient à sa disposition en ses terres domaniales, *comme aux seigneurs bannerets, ayant juridiction en leur terroir et mandement* (6).

(1) *Id.*, eod., 367, art. 165.

(2) *Id.*, art. 166, 167, 168.

(3) Art. 107. (*Anc. lois franç.*, XIV, 90.)

(4) *Des États généraux*, etc., XI, 369.

(5) M. Merlin me semble s'être trompé en disant (*Quest. de droit*, v° *Pêche*) que les seules coutumes de *Hainaut*, de *Troyes*, de *Vitry-le-Français* et de *Nivernais*, déclaraient *les seigneurs justiciers propriétaires des petites rivières.*

(6) Basset, *Arrêts du parlement de Grenoble*, t. I, l. III, t. VII, ch. I.

Cependant, François Ier, par ordonnance de décembre 1543, avait attribué au grand maître enquêteur et général réformateur des eaux et forêts, la juridiction, même sur les *eaues et rivières des prélatz, princes, communautés, gentils-hommes et autres ses sujets,* leur garde et entretien étant *l'une des choses plus commode, requise et nécessaire, tant à nous qu'à nos ditz subjets* (1).

Neuf ans après, Henri II place aussi sous la juridiction de ce grand maître, le sol même de toutes les rivières du royaume. « Ordonnons que tous et chacuns les procez concernans directement le fonds et propriété de nosdites eauës et forests, isles et rivières, et entreprises sur icelles, soient doresnavant instruits, jugez, décidez et terminés en première instance, etc. » Le préambule prouve que cette mesure concernait les eaux et forêts tant du roi que de tous autres : *tant de nous que de nos subjets* (2).

Ce monarque prescrivit ensuite aux arpenteurs pour ce commissionnés, de mesurer et arpenter tous bois, eaues, isles, ... *soit qu'elles soient,* disait-il, *de nostre domaine et à nous appartenans, ou aux princes, prélats, gens d'église, communautés, seigneurs et autres nos subjets particuliers* de nostre dit royaume, pays, terres et seigneuries (3).

La confusion dont j'ai parlé plus haut, des rivières navigables et des petites rivières, n'avait pas encore cessé.

On a dit que la propriété des premières appartenait à la couronne, en vertu de l'art. 2 d'une ordonnance rendue par Charles VI en 1407 (4). Mais je ne trouve,

(1) *Rec. de Rousseau,* p. 162.
(2) Mars 1558.—*Idem.* p. 240.
(3) Édit de février 1554. — *Anc. lois franç.,* XIII, art. xv, p. 430.
(4) *Questions de droit* de Merlin, v° *Pêche,* pag. 215, 3e alin. (4e édition.)

sous cette date, qu'une ordonnance qui *réunit* au domaine, la ville, terres, chastellenie de Taillebourg, et port
de mer, ensemble la ville de Cluseau, et toutes leurs
appartenances et appendances, en vertu du principe
par elle proclamé, que le roi pouvait prendre et appliquer à son domaine, moyennant condigne recompensa-
tion, tout ce qui, *en frontière des ennemis*, devenait nécessaire à la défense de ses sujets (1).

Or, la preuve de l'erreur n'est-elle pas dans les art.
340 et 341 de la coutume du Bourbonnais, qui, quoique la Loire fût navigable dans la partie de cette province qu'elle parcourt, en attribuaient la propriété aux
seigneurs hauts justiciers? Bretonnier l'a remarqué depuis longtemps, dans ses notes sur Henrys (2).

Il est évident que la législation ne suivait pas l'impul-
sion des *légistes* (3), car, dès le règne de Charles VI,
Bouteiller avait nettement posé, dans sa *Somme rurale*,
ce principe : « Si est à sçavoir que toutes les grandes
rivières courantes parmi le royaume sont au roy, nostre
sire, et tout le cours de l'eauë, et les tient-on comme
chemins royaux . . . . . ; et les plus petites rivières qui
ne portent point de navires, sont aux seigneurs parmy
qui terre et seigneurie elles passent (4). »

Je n'ignore pas que Charles IX tenta de faire réunir
au domaine les atterrissements et îles de la Seine, de
l'Yonne, de la Marne, de la Loire, de la Garonne et de
la Dordogne (5). Mais Legrand a remarqué qu'avant

---

(1) Avril 1407. — *Anc. lois franç.*, VII, 144.

(2) Liv. III, quest. v.

(3) Voir les excellents et très remarquables articles de M. Troplong, *De l'influence des légistes sur la civilisation française. (Revue de
législation française*, t. I, p. 401-416; II, 1-24.)

(4) Liv. I, c. LXXIII.

(5) Déclaration du 7 juillet 1572, *Anc. lois franç.*, XIV, 252.

cette déclaration, la *propriété* du roi sur les îles des fleuves navigables était en *controverse.* « Bacquet (chap. XXX, n° 7) rapporte, ajoute cet auteur, un arrêt du parlement de Paris qui donne, par provision, mainlevée à l'archevêque et clergé de Lyon, des îles du Rhône, contre le procureur du roi (1). » Et cet arrêt est d'autant plus remarquable, qu'il existait un mandement du 28 août 1388, par lequel la chambre des comptes avait déclaré que la rivière du Rhône appartenait au roi, *dans tout son cours* (2).

Il faut donc reconnaître, si rien n'est échappé à mes recherches, que la première ordonnance où nos rois aient nommé les rivières navigables *nos rivières,* à titre de propriété exclusive, est celle du mois de janvier 1583. Encore les termes dans lesquels est conçu l'art. 18, où je lis ces expressions, me portent-ils, sinon à penser que jusqu'alors on ne les avait point considérées ainsi, du moins à croire que leur administration avait été complétement négligée. Elles étaient, en plusieurs endroits, *comblées,* à cause de l'habitude qu'on avait contractée d'y jeter *toutes sortes d'immondices, gravoirs, fumiers, pailles pourries, charognes et foins de bateaux à sel et autres;* plusieurs bateaux chargés de marchandises *d'heure à autre y périssoient.* Le roi, d'ailleurs, sur les remontrances des états, se contenta d'ordonner aux grands maîtres réformateurs des eaux et forêts, leurs lieutenants et maîtres particuliers, de visiter ces rivières, et de s'informer au vrai de l'occasion de leur dépérissement et encomble; « *et si c'est pour chose qui nous touche* et appartienne, en faire procès-verbal qu'ils en-

---

(1) *Comment. sur la coutume de Troyes*, II, 313, 12. — Add. *Rec. des plaid. not.*, ch. XXX.

(2) Ordonnances de France, VII, 208.

voyront en nostre conseil, pour y estre par nous pourveu .... (1). »

L'ordonnance de 1669 est la première et la seule qui ait déclaré et constitué positivement notre droit public à cet égard. En réunissant les rivières navigables et flottables au domaine de la couronne, *nonobstant tous titres et possessions contraires*, elle rendit, au reste, plus évidente, au profit des seigneurs des autres cours d'eau publics, l'antiquité du titre qui leur en attribuait la propriété, et justifia le zèle des trois ordres de l'État, pour le faire respecter. Dans le *Lyonnais*, le *Forez*, le *Beaujolois*, le roi et les seigneurs hauts justiciers étaient respectivement dans l'usage d'*abénéviser* les eaux de leur territoire, c'est-à-dire, de les concéder censuellement, pour l'irrigation des prairies (2). Louis XIV, usant dans ses fiefs particuliers, comme les autres seigneurs dans leurs terres, du droit de disposer des eaux des petites rivières, des ruisseaux et même des sources, à l'exception des fontaines publiques, établit un tarif des redevances qui lui seraient dues, à raison de tant par ligne des eaux prises pour l'usage ou l'agrément de chaque habitation, et de tant par arpent de terre, pour celles qui serviraient à l'arrosement des fonds (3).

Au surplus, il faut que cet ordre de choses fût moins nuisible qu'on ne le croit généralement, à l'industrie. « Qui n'a pas vu, écrivait le comte du Buat, en 1773, dans des prairies aujourd'hui presque stériles [cet écrivain avait sa terre dans la Sologne (4)], les vestiges des

____

(1) *Anc. lois franç.*, XIV, 534, art. 18.

(2) Henrion de Pansey, *Décisions féodales*, I, 667, § 13.

(3) Édit d'octobre 1694, ap. Simon, Comment. sur l'art. 44, tit. 27 de l'ordonnance de 1669.

(4) Il mourut dans son château de Nançay. *Biogr. univ.* de Michaud, VI, 189.

anciens travaux qui les rendirent fécondes, et qu'il suf-
firait de renouveler, pour les remettre en valeur (1)? »

Antérieurement au dix-septième siècle, je ne connais
que trois auteurs français qui aient méconnu ce droit :
Guy Pape, mort en 1476 ; Bacquet, décédé en 1586, et
Loyseau, dont le *Traité des seigneuries* parut en 1608.

Il était tout simple que celui-ci rangeât les petites rivières dans le domaine privé des riverains, pour punir
les seigneurs de *l'usurpation* dont il avait le tort de les
croire coupables *avec préméditation*, et dont Montes-
quieu les a justifiés avec tant d'ironie (2).

Toutefois, Legrand entendait autrement que nous
Bacquet et Loyseau : après avoir dit que les seigneurs
jouissaient des petites rivières *comme de leur patrimoine*,
il cite à l'appui sur ce point, Bouteiller, Bacquet,
chap. XXX, n° 25, et Loyseau, chap. XII, n° 120 (3).

Tous les autres magistrats ou jurisconsultes, depuis
le règne de Charles VI, Bouteiller, Boerius (4), Chassa-
née, Choppin, Coquille et Loysel, sont unanimes dans
l'opinion contraire.

La raison que Boerius donne de la sienne est aussi

---

(1) Éléments de la politique, ou Recherches des principes de l'économie sociale, VI, 95.

(2) *Esprit des lois*, liv. XXX, ch. 20. — Add. M. Troplong, *De la
Nécessité de réformer les études historiques applicables au droit français*, dans la *Revue de législation et de jurisprudence*, t. 1, 1-15.

(3) *Comment. sur la coutume de Troyes*, 11ᵉ partie, p. 313, n° 16.

(4) On a si souvent tronqué le texte de l'opinion de ce magistrat,
que je me crois tenu de le transcrire en entier :

« Aquæ et flumina publica non navigabilia existentia, vel transeuntia in territorio alicujus domini, *sunt ipsius domini per cujus
territorium et jurisdictionem transeunt, et faciunt de eisdem quicquid
volunt......*, et est ratio singularis....., quia unum et idem est territorium quod eminet super aquas, et quod immergitur aquis. » *Decis.*
352, n. 4, édit. de 1579. — Voy. *suprà*, p. 17, note 3.

décisive que lumineuse ; car, les seigneurs ayant à la fois
le territoire et la juridiction, ils devaient être également
propriétaires, et au même titre, du sol occupé
par les eaux et de celui qu'elles ne [couvraient point.

L'autorité judiciaire sanctionna leur avis, toutes les
fois que la question s'agita devant elle. Les parlements
et les auteurs n'ont jamais déserté cette opinion. On
peut s'en convaincre en lisant, notamment, Lebret,
Salvaing, Dunod, Guyot, Boutaric, de Serres, le président Bouhier, de la Poix de Fréminville, de la Place, et
toutes les autorités par eux citées (1).

Qu'oppose-t-on à ces auteurs, parmi leurs contempo-
rains ou leurs successeurs?

Boucheul, qui dit sur l'art. 40 de la coutume de Poitou, n° 6 : « Les petites rivières ou ruisseaux appartiennent de droit aux propriétaires des héritages voisins et
qui possèdent leurss rivages. » Les biographes ont bien
eu raison de regretter qu'il n'eût pas plus de critique et
de raisonnement (2).

Ferrières, sur les *Institutes* de Justinien, liv. II,
tit. 1, § 2. Mais ce jurisconsulte, lorsqu'il annota la
514ᵉ question de Guy Pape, reconnut que les rivières
non navigables, ainsi que le droit de pêche, appartenaient aux seigneurs justiciers du territoire qu'elles traversaient : *flumina non navigabilia sunt dominorum ju-
risdictionalium per quorum territorium fluunt, atque ideo
jus piscandi ad eos pertinet.*

Domat, Lois civiles, liv. II, tit. VI, section I, n° 5?
— Cependant, il ne dit pas autre chose que ceci : « Les
ruisseaux qui ne sont pas à *l'usage du public* et qui

____

(1) Add. Chabrol, I, 53. — Hervé, *Théorie des mat. féodales et
censuelles*, 1785, IV, 269, 270. — Henrion de Pansey, *Décis. féod.*,
verbis *des Eaux*, § 7.

(2) *Biog. univ.* de Michaud, v° *Boucheul.*

sont *propres* aux particuliers dont ils traversent les héritages, *ne règlent pas leurs bornes ;* mais chacun a les siennes, telles que les lui donne son titre ou sa possession. » Évidemment, ce passage n'a aucun rapport avec la question qui m'occupe. Domat recherche *comment se bornent ou se confinent les héritages.* Il n'a certainement pas entendu confondre le *rivus privatus* (1) dont il parle avec les rivières dont la propriété et la possession appartenaient au peuple romain.

Pothier, *Traité du droit de domaine et de propriété,* nº 53? Or, je lis sous ce numéro : « A l'égard des rivières non navigables, elles appartiennent aux différents particuliers qui *sont fondés en titres ou en possession pour s'en dire propriétaires, dans l'étendue portée par leurs titres ou leur possession.* Celles qui n'appartiennent point à des particuliers propriétaires, *appartiennent aux seigneurs hauts justiciers* dans le territoire desquels elles coulent. Il n'est pas permis de pêcher dans lesdites rivières, sans le consentement de celui à qui elles appartiennent (2). »

Souchet, sur la *Coutume d'Angoumois,* t. I, p. 286. Mais cet auteur pensait, avec Loyseau, que la force et l'autorité dont il était le fruit viciaient la légitimité du

----

(1) Bartole estime que le *rivus privatus* lui-même appartient au public quand il est utile à son usage. *Si rivus talis esset in uso publico, tunc intelligerem illum rivum esse publicum.* Tyberiad. (sub) verb. *in flumine nata.*

(2) Pothier confirme cette doctrine dans le même ouvrage, n. 159 et 164, en disant qu'à l'égard des alluvions qui se formaient, de son temps, le long d'une rivière non navigable, *dont la propriété appartenait aux propriétaires des héritages voisins,* on devait suivre la disposition du droit romain, et que ces propriétaires, *dans le même cas,* avaient, chacun en droit soi, la propriété des îles et du lit abandonné.

droit seigneurial(1); il s'occupe bien moins, au fond, de le contester en général, que d'établir qu'il ne pouvait être admis dans les coutumes qui, comme celle qu'il commente, ne le consacraient point en termes précis et formels.

Reste Galon, sur le titre XXXI de l'ordonnance de 1669. Mais que dit-il? Que les seigneurs *prétendent la propriété entière* des rivières banales, et que cela est *contre la liberté qu'un chacun avoit, par le droit romain,* de pêcher pour son utilité particulière (2). Sérieusement, peut-on compter cette opinion?

Une dernière observation réfute tous les arguments produits à l'appui de l'avis contraire.

Lorsque Louis XIV autorisa les travaux à faire pour rendre navigables, *l'Oise,* depuis Chauny jusqu'à Ir-loy, (3) la rivière de *Vannes,* depuis Sens jusqu'à Saint-Thiébault, (4) *l'Armanson* (5) et la Marne (6), Sa Majesté *céda, quitta, délaissa, transporta, sans réserve et sans condition,* aux concessionnaires, *le fonds et très-fonds* de ces rivières et ruisseaux; *leur en accorde et fait don,* portent les lettres patentes; *éteint et supprime les droits de péage et de pêche.*

Louis XVI, par l'art. 12 d'un arrêt du conseil du 5 novembre 1776, rendu au sujet de la canalisation de la Dive, ordonna que les lits ou anciens cours d'eau desséchés

(1) Pag. 290, 5e alinéa.
, (2) Tom. II, p. 590.
(3, 4, 5) Lettres patentes des 27 juin, 28 septembre 1613, et 14 janvier 1614, enregistrées au parlement de Paris les 31 mai et 13 août 1614, registre AAA, folio 18, verso 25, III.
.6) Lettres patentes du mois d'octobre 1655, enregistrées le 9 février 1658, au même parlement, registre OOO, folio 351, verso.

appartiendraient au concessionnaire des travaux (1).

Sous le règne du même monarque, l'intendant de la province de Champagne accorda l'ancien lit de la rivière de Saulx à la dame Legoux, en indemnité du terrain qui lui avait été pris pour le redressement de la grande route de Vitry.

Cette concession fut attaquée, sous l'empire, par le sieur Roussel, dont la propriété était contiguë à cet ancien lit, et le conseil d'État décida qu'elle était conforme à l'arrêt du conseil du roi du 28 mai 1765, *et aux principes consacrés sur cette matière par le Code civil* (2).

Il s'ensuit de tout ce qui précède, qu'au moment où l'Assemblée constituante s'ouvrit, les seigneurs féodaux ou hauts justiciers possédaient, en vertu de notre droit public, la pleine propriété de tous les cours d'eau qui n'étaient ni navigables ni flottables : la Cour de cassation le reconnut, contre les conclusions de M. Merlin, le 23 ventôse an x (3). Elle l'a encore déclaré par son arrêt du 19 juillet 1830 (4).

De là il résultait,

Que les îles (5), les îlots et les atterrissements qui se formaient dans les petites rivières, leur appartenaient,

(1) Code des ponts et chaussées et des mines, par M. Ravinet, t. IV (supplément), p. 139 et suiv.

(2) Décret du 10 mai 1809, Sirey, *Jurisprudence du Conseil d'État*, I, 289.

(3) Voy. *Questions de droit*, v. *Cours d'eau*, § 1.

(4) Dalloz, XXX, I, p. 343.

(5) Arrêt du 20 juillet 1613, rapporté par Rousseau, sur les ordonnances des eaux et forêts, p. 670 ; — de la Poix de Fréminville, IV, 437, 452, 491.

au même titre que ceux d'une rivière navigable faisaient partie du domaine de la couronne, en vertu de
l'ordonnance de 1669;

Qu'ils avaient exclusivement le droit de *pêche* (1),
d'épaves et de *marche-pied* sur ces petites rivières (2);

Qu'on ne pouvait y construire, sans leur permission,
ni des moulins, ni des écluses, puisque c'était à eux
d'empêcher tout ce qui en aurait dégradé le cours, et
eût été dommageable au public ou aux particuliers (3).

Les seigneurs féodaux ou hauts justiciers étaient également propriétaires des ruisseaux et de toutes les eaux
qui s'écoulaient dans tout le circuit et l'enceinte de
leur territoire (4).

Il n'était point permis de saigner et couper les cours
d'eau dont ils étaient les maîtres, pour arroser les héritages voisins (5).

Ils avaient le droit de s'approprier, même les eaux des
fontaines (6), les eaux pluviales qui coulaient par les

---

(1) Arrêt du parlement de Toulouse, du 18 juillet 1682, cité par
Serres, en ses Institutes, IIe livre, tit. 1er, § 2. — De la Poix de
Fréminville, IV, 589, quest. xie. — Jugement souverain de la Table
de marbre, du 6 mai 1627, rapporté par Serres, en ses Institutes,
pag. 103.

(2) De la Poix de Fréminville, IV, 495, xxxe question, et 483,
xixe question.

(3) Arrêt du parlement de Toulouse, de l'an 1585, rapporté par
la Roche-Flavin, *des droits seigneuriaux*, chap. xvii, art. 1; — autre
arrêt du parlement de Paris, rapporté par Henrys, t. I, liv. iii, ch. iii,
quest. 35. — De la Poix de Fréminville, IV, 491, xxvie question; —
530, lixe question, — et p. 498, quest. xxxiv, 1er alin.

(4) Arrêt du 12 juillet 1736, rapporté par Serres, en ses Institutes, p. 102; de la Poix de Fréminville, IV, p. 497, quest. xxxiii.

(5) Voy. ce dernier auteur, IV, p. 498, quest. xxxiv.

(6) Voy. Basset, t. II, liv. iii, tit. vii, ch. 1; et de Fréminville,
IV, 497, quest. xxxiii.

chemins publics (1), et de concéder censuellement leur usage aux riverains, pour l'arrosement de leurs prairies (2).

Ils pouvaient enfin, par suite du droit qu'on appelait *aquas aquarumve decursus*, défendre que l'on prît, sans leur permission, des pierres et du sable dans les rivières qui leur appartenaient (3).

—••◦••—

SECTION III.

EXAMEN DE LA QUESTION D'APRÈS LA NOUVELLE LÉGISLA-
TION ANTÉRIEURE A LA PROMULGATION DU CODE CIVIL.

Merlin fut, en quelque sorte, l'âme de la législation destructive des derniers restes de l'ancienne organisation féodale, et reconstitutive de notre ancien domaine public. Personne ne saurait mieux que lui, par conséquent, nous révéler le but du législateur.

Il s'exprime en termes formels et précis.

« En détruisant la féodalité et les justices seigneuriales, dit-il, l'Assemblée constituante n'a porté aucune atteinte à la propriété *foncière*; elle l'a, au contraire, respectée et maintenue jusque dans les moindres vestiges (4). »

« Les seigneurs ne pouvant plus aujourd'hui, d'après

(1) Arrêts du parlement de Grenoble, des 19 décembre 1644 et 31 juillet 1651, rapportés par Basset, t. I, liv. III, tit. VII, ch. 1; — de Fréminville, IV, 500, quest. XXXVII.

(2) De la Poix de Fréminville, IV, 503, quest. XXXVIII.

(3) Arrêts du parlement de Dijon, du 1er avril 1720 et 20 avril 1746, rapportés par de la Poix de Fréminville, IV, 486, quest. XXII.

(4) *Quest. de droit*, v. *Cours d'eau* (4e édit.), t. II, p. 738, 1re col., 6e alinéa.

l'article 1er de la loi du 26 juillet — 15 août 1790, se prétendre propriétaires des chemins, il ne doit pas, par la même raison, leur être permis de s'arroger la propriété des rivières, car le principe est le même pour celles-ci que pour ceux-là (1). »

Or, la loi des 4-5 août 1789 n'attribua nullement aux riverains l'ancienne propriété des petites rivières publiques, et nous croyons avoir démontré qu'ils ne l'avaient jamais eue un seul instant jusqu'alors.

Comment ne pas conclure du silence de cette loi, qu'elle entendit et dut vouloir que cette propriété rentrât, *ipso facto* et de plein droit, dans le domaine public, dont l'établissement du régime féodal l'avait détachée?

Quatre lois postérieures m'affermissent dans cette conviction.

La première charge « les administrations de départe-« ment, *sous l'autorité et l'inspection du roi, comme chef* « *suprême de la nation et de l'administration générale* « *du royaume*, de toutes les parties de cette administra-« tion, notamment de celles qui sont relatives,

1°. . . . .

« 5° *A la conservation des propriétés publiques;*

« 6° *A celles des rivières, forêts*, chemins, *et autres* « *choses communes* (2). »

La deuxième loi porte : « Elles (les administrations « de département) doivent aussi rechercher et indiquer « les moyens de procurer le libre cours des eaux; — « d'empêcher que les prairies ne soient submergées par « la trop grande élévation des écluses, des moulins, et « par les autres ouvrages d'art établis sur les rivières; « de diriger enfin, autant qu'il sera possible, toutes les

____

(1) Id., verb. *Pêche*, § 1, t. VI, 242, 1re col., pénult. alinéa.

(2) Sect. III, art. 2, de la loi du 22 décembre 1789.

« eaux de leur territoire vers un but d'utilité générale,
« d'après les principes de l'irrigation (1). »

La troisième loi veut que « lorsqu'une rivière est in-
« diquée comme limite entre deux départements ou
« deux districts (arrondissements), les deux départe-
« ments ou les deux districts ne soient bornés que par
« le milieu du lit de la rivière, et que les deux directoires
« (le préfet et le sous-préfet) concourent à l'administra-
« tion de la rivière (2). »

La quatrième loi contient les dispositions suivantes :

« Aʀᴛ. 1ᵉʳ. Le domaine national, proprement dit,
« s'entend de toutes les propriétés *foncières* et de tous
« les droits *réels* ou *mixtes* qui appartiennent à la na-
« tion, soit qu'elle en ait la possession et la jouissance
« *actuelles, soit qu'elle ait seulement le droit d'y* ʀᴇɴᴛʀᴇʀ
« *par....., droit de réversion ou* ᴀᴜᴛʀᴇᴍᴇɴᴛ.

« Aʀᴛ. 2. Les chemins publics, les rues et places des
« villes, les fleuves et rivières navigables, les rivages,
« lais et relais de la mer, les ports, les havres, les ra-
« des, etc., *et en général toutes les portions du territoire*
« *national qui ne sont pas susceptibles d'une propriété*
« *privée,* sont *considérés* comme des *dépendances du do-*
« *maine public* (3). »

Il en est donc des rivières publiques non navigables,
de même que des chemins publics; elles continueront
de leur être assimilées : les administrations départemen-
tales doivent conserver les unes et les autres comme
une dépendance du domaine public, par la raison que
leur usage est également commun à tous les citoyens,

---

(1) Chap. ᴠɪ de l'instruction législative des 12-20 août 1790.

(2) Art. 3, titre 1ᵉʳ de la loi des 26 février-4 mars 1790, relative
à la division de la France en départements.

(3) Loi des 22 novembre-1ᵉʳ décembre 1790, relative aux domaines *nationaux*, etc.

et que les petites rivières ne sont pas plus susceptibles que les chemins publics d'une propriété privée.

Cette conséquence des dispositions dont on vient de lire le texte paraîtra, peut-être, plus évidente encore, lorsque j'aurai rappelé trois documents législatifs qui sont sous mes yeux.

L'un de ces documents nous apprend que l'Assemblée constituante, lorsqu'elle eut prononcé l'abolition de la féodalité, commit à ses comités *féodal, des domaines, d'agriculture et de commerce*, « la mission honorable, « mais difficile, de trier dans ces décombres *les* pro- « priétés *qui devaient être respectées* (1). »

Aurait-elle confié une telle mission à ses comités, si la dernière des dispositions ci-dessus citées n'avait investi l'État que de la propriété des rivières qui s'y trouvent dénommées ?

Organe de ces comités, M. Arnoult, député de Dijon, rendit compte de leur travail, dans la séance du 23 avril 1791.

Son rapport contient vingt-neuf pages in-8°. Il est divisé en trois paragraphes, dont je ne donnerai qu'une analyse succincte, mais textuelle (2).

« *Du cours des fleuves et rivières.*

« De ce que le cours des fleuves appartient en com- « mun à tous les citoyens d'un même empire, il suit « nécessairement que la nation seule a le droit d'en ré- « gler le service et l'usage. Il est donc évident aussi que « personne ne peut s'approprier les eaux des fleuves,

---

(1) Voyez le rapport cité dans la note suivante, page 5.

(2) Tome LIII du procès-verbal de l'Assemblée nationale, imprimé par son ordre, chez Baudouin.

« soit en les obstruant par des constructions, soit en les
« énervant par des dérivations et des barrages, soit en
« les occupant par des usines ou d'autres édifices (1). »
« . . . .

« Passant à l'examen des cours d'eau ordinaires, vos
« comités ont compris sous le nom de rivières non na-
« vigables, toutes celles qui, trop faibles pour servir le
« commerce par des voies de transport, sont assez consi-
« dérables pour communiquer aux usines la puissance
« qui les met en activité. Les cours d'eau qui, quoique
« pérennes, ne peuvent servir à ce dernier usage, ne sont
« que de simples ruisseaux, et doivent former une classe
« particulière, puisque toutes les règles qui conviennent
« aux rivières ordinaires ne peuvent leur être également
« appliquées. Cette distinction nous a paru nécessaire
« pour ne pas confondre, dans le langage de la loi, trois
« sortes de cours d'eau, qui, dans plusieurs idiomes, n'ont
« pas reçu des limites bien déterminées (2).
« . . . .

« *Ainsi, nécessaires aux besoins de tous, les rivières,*
« *non plus que les fleuves, ne peuvent être la propriété*
« *d'un seul.* Envahies par les seigneurs justiciers, au
« même titre et de la même manière que les fleuves na-
« vigables, *comme eux elles doivent rentrer dans les*
« *mains de la nation ; elles ne peuvent pas même appar-*
« *tenir à une communauté d'habitants, puisqu'elles for-*
« *meraient alors une propriété particulière et spéciale.*
« Or, toute possession exclusive est incompatible avec
« les vues que la nature s'est proposées en établissant
« l'union des sociétés sur la communion des élé-
« ments (3).

(1) Id., p. 10.
(2) Id., p. 16.
(3) Ubi sup., 16, 17.

« Après avoir satisfait aux besoins des hommes et des
« animaux, la destination la plus naturelle des rivières
« est l'irrigation du sol qu'elles parcourent.........
« Le droit de l'industrie mécanique ne s'est établi sur
« les eaux que longtemps après celui de l'agriculture.
« Quelque précieuses que soient les productions du
« manufacturier, elles le sont moins sans doute que
« celles du cultivateur. Ainsi, dans l'ordre du temps,
« comme dans l'ordre de l'économie sociale, l'intérêt de
« l'industrie ne doit être considéré qu'après celui de
« l'agriculture. — Ajoutons que le plus nécessaire des
« arts a toujours été le plus juste. L'agriculteur emploie
« le secours des eaux sans nuire à personne; il se con-
« tente de les conduire un moment sur son champ, et
« les rend ensuite à la pente qui les porte à son voisin.
« Le mécanicien, au contraire, les enchaîne dans leur
« course; il ne se croit sûr du succès de son travail
« qu'en les accumulant devant ses machines; il sub-
« merge sans pitié, presque toujours sans intérêt, les
« champs et les maisons qui l'avoisinent;..........,
« il est, en un mot, l'ennemi mortel des hommes et le
« fléau de l'agriculture (1)........................

DU LIT DES FLEUVES, DES ILES, ATTERRISSEMENTS ET ALLUVIONS.

« Si les eaux des fleuves ne peuvent être la propriété ex-
« *clusive d'un individu, parce qu'elles sont nécessaires aux*
« *besoins de tous, le lit qui les contient ne pouvant être*
« *séparé d'elles, ni se prêter à l'usage exclusif de per-*
« *sonne, est, ainsi qu'elles, la propriété de tous.*

« Mais si ce lit se trouve abandonné tout à coup par
« ses eaux; s'il se forme dans son sein des atterrissements;

(1) Id., p. 17.

« si, s'ouvrant une route nouvelle à travers les terres
« riveraines, il renferme dans ses contours quelques
« portions de l'ancien continent ; s'il se jette sur l'une
« de ces rives, et s'éloigne brusquement de la rive op-
« posée, à qui les îles, les atterrissements, les accrues,
« l'ancien lit, ou même le rivage délaissé, les mortes et
« les marais produits par ces vicissitudes diverses, doi-
« vent-ils appartenir (1)?...........................

« Nous nous sommes déterminés à adopter sur cette
« matière *non les dispositions, mais l'esprit de la loi
« romaine;* nous l'avons préférée, non parce qu'elle est
« l'ouvrage d'un peuple célèbre, mais parce qu'elle est
« le résultat des méditations profondes de grands juris-
« consultes, dont la sagesse a été guidée par le flambeau
« de la liberté (2) ....

DE LA PÊCHE.

« La faculté de pêcher doit-elle être accordée indistinc-
« tement à tous les citoyens? N'appartiendra-t-elle qu'à
« ceux dont les propriétés sont baignées par les cours
« d'eau? Ce droit formera-t-il la propriété spéciale des
« municipalités dont le territoire est traversé par les
« rivières? Convient-il au bien général de l'empire de
« soumettre la pêche à un régime qui soit, tout à la
« fois, utile aux finances de l'État, et profitable aux
« subsistances publiques (3)?......................
« ....

« Ceux qui désirent que l'exercice de la pêche soit
« permis indistinctement à tous les citoyens, invoquent
« en faveur de leur opinion le décret que vous avez
« rendu sur la chasse. Mais ce décret,...............

(1) Ub. sup., 19, 20.
(2) Id., p. 22.
(3) Ub sup., 25.

« s'est contenté d'autoriser chaque propriétaire à dé-
« truire, sur son propre champ, le gibier qui nuit à ses
« récoltes (1)..................................

« Devez-vous abandonner la pêche des rivières aux
« propriétaires des fonds qu'elles avoisinent? Quelques-
« uns regardent cette prérogative comme l'accessoire
« naturelle de leur propriété, et la réclament à ce titre.
« Mais vos comités n'ont pas trouvé cette prétention
« légitime. *Le droit du propriétaire de la glèbe ne s'é-*
« *tend pas au delà des limites de son champ; le cours*
« *d'eau qui en baigne les bords, le confine, mais n'en fait*
« *point partie.* Quand même le propriétaire posséde-
« rait l'une et l'autre rive *sa propriété particulière se*
« *trouverait divisée par l'interposition de la propriété na-*
« *tionale, sur laquelle il ne peut avoir qu'un droit égal à*
« *celui de tout autre* (2)........ ....

« La prétention des municipalités sur la pêche des
« rivières de leur territoire n'est ni plus légitime, ni plus
« conforme aux principes constitutionnels que la de-
« mande des propriétaires riverains........ Comment,
« en effet, concilier la possession exclusive d'une muni-
« cipalité, avec la communion des rivières? — Le patri-
« moine des corps moraux est une véritable propriété
« civile : *Ce que la nature destine à l'usage de tous, ce*
« *qui ne peut étre possédé privativement par un seul ci-*
« *toyen, ne peut donc appartenir à un corps qui s'isole de*
« *la société.*.............. Quelle est donc la munici-
« palité qui oserait disputer à ses voisins la communion
« des eaux de son territoire (3)?........ ....
« ....

« Ce principe de la communion, Messieurs, nous for-

(1) Id., p. 26.
(2) Ub. sup., 27.
(3) Id., p. 27.

« çait à nous déterminer entre deux partis : celui d'aban-
« donner la pêche au premier occupant ; celui de la faire
« exploiter au nom de la nation., et d'en verser le pro-
« duit dans le trésor public : nous avons adopté le se-
« cond, d'après les considérations que j'ai eu l'honneur
« de vous indiquer (1)..............................

« Considérez, Messieurs, que l'abandon de la pêche
« ne procurerait aucun avantage réel à vos concitoyens;
« considérez que la liberté indéfinie de pêcher serait
« une source intarissable de désordres, et même de pro-
« cès; considérez que le produit de toutes les rivières
« du royaume formera, dès à présent, un revenu très-
« considérable, qu'une police sévère et de bonnes lois ne
« peuvent manquer d'améliorer; consultez l'état de vos
« finances; consultez la masse effrayante de vos imposi-
« tions : peut-être alors le plan que vos comités vous
« proposent méritera votre approbation (2). »

Ainsi se termine ce rapport remarquable. Il est suivi
d'un projet de décret en trente-huit articles (3).

(1) Id., p. 28.
(2) Ub. sup., 29.
(3) Je crois, pour compléter l'analyse du rapport, devoir transcrire ici les articles principaux du projet de loi inséré à la suite.

TITRE Ier.

Des cours d'eau.

Art. Ier. Les cours d'eau assez considérables pour transporter, naturellement et sans artifice, les barques et bateaux servant au commerce et à la navigation intérieure du royaume, sont désignés dans le
présent décret par le nom de fleuves. Les cours d'eau qui ne sont
point navigables sans artifice, mais qui sont assez forts pour faire
mouvoir des usines, sont désignés sous le nom de rivières; les autres
cours d'eau ne forment que de simples ruisseaux.

Art. 12. Le cours des rivières, comme celui des fleuves, est une
propriété commune et nationale; mais les riverains ont droit d'user
des eaux en se conformant, pour l'exercice de cet usage , aux règles

La discussion allait s'ouvrir, lorsqu'elle fut écartée par une motion d'ordre. «Le travail qu'on vous présente, qui seront établies par le corps législatif, et sanctionnées par le roi.

Art. 13. Les riverains peuvent tirer du lit des rivières, par des rigoles ou des retenues, l'eau nécessaire à l'arrosement de leurs héritages, à la charge d'enlever exactement les retenues et de fermer le rigoles après l'irrigation : ils peuvent aussi conduire l'eau dans leurs rutoirs, mais non déposer les chanvres et lins dans le lit des rivières.

Art. 15. A l'avenir, nul ne pourra construire aucune usine sur le cours des rivières, sans y être autorisé par le directoire du district, d'après l'avis des municipalités, et sauf le recours des parties au directoire du département, s'il y a lieu. Sont exceptés de la présente disposition, les forges, fourneaux, verreries, et autres établissements de ce genre, qui seront soumis à des règles spéciales.

Art. 17. Les usines qui seraient reconnues ne pouvoir rouler sans être nuisibles, en les soumettant aux règles ci-dessus, seront démolies ou modifiées de manière à faire cesser toute espèce d'inondations. La permission d'en construire de nouvelles ne sera censée accordée qu'à cette condition expresse, laquelle ne sera sujette à aucune prescription.

TITRE II.

Du lit des fleuves; des îles, atterrissements et alluvions.

Art. 1. Le lit des fleuves est une propriété nationale; nul n'a droit de se l'approprier, de le restreindre, ou de l'obstruer.

Art. 2. Si le fleuve change de lit tout à coup, et qu'il s'en forme un nouveau sur une propriété privée, le lit que le fleuve abandonne appartiendra aux propriétaires qui auront été dépossédés. Dans le cas où le terrain abandonné par les eaux ne serait réclamé par personne, la nation en disposera.

Art. 4. Si l'un des rivages du fleuve est emporté tout à coup par la violence des eaux, et que le rivage opposé demeure à sec, le propriétaire du rivage enlevé pourra se mettre en possession du terrain abandonné par les eaux; s'il néglige de le faire, la nation en disposera, et elle disposera également de toutes les relaissées, mortes, marais, et autres terrains qui ne seront réclamés par personne.

TITRE III.

De la pêche.

Art. 1. La pêche des fleuves et des rivières est une propriété com—

dit un membre de l'Assemblée (1), renferme des vues excellentes; mais il emporte avec lui la destruction du droit d'arrosement (cette crainte était illusoire)(2), si précieux pour l'agriculture dans les pays méridionaux, et je vous annonce qu'un pareil décret porterait la désolation dans nos départements. Je demande donc qu'on se borne à décréter le principe que les fleuves et les rivières navigables sont une propriété nationale. »

M. d'André appuie cette proposition et demande lui-même *le renvoi à la prochaine législature,* car, « s'il faut des règlements pour les cours d'eau, pour la pêche, etc., ils font partie des lois civiles que vous avez renvoyées à la prochaine législature. »

Plusieurs membres appuient ce renvoi *au nom de leurs départements,* et l'assemblée prononce l'ajournement *à la première législature ;* cependant, elle ordonne à ses trois comités réunis de lui présenter quelques articles sur le principe de la *propriété nationale* et sur les moyens de réprimer les abus de la pêche (3).

La première partie de cette décision devenait superflue en présence de la loi en vigueur concernant *les domaines nationaux* (4), et l'Assemblée constituante termina ses travaux avant l'exécution de la seconde (5).

mune et nationale; à la nation appartient le droit d'én régler l'exercice et l'usage.

Art. 3. Les fruits de la pêche étant un moyen général de subsistance, la pêche des fleuves et des rivières sera exercée au nom de la nation et au profit du trésor public.

(1) Bouche.

(2) Voy. l'art. 13 du projet.

(3) *Moniteur* du 25 avril 1791, p. 473, 3ᵉ col.

(4) *Vide suprà,* p. 52, 4ᵉ loi.

(5) Le seul acte législatif antérieur à l'avis du Conseil d'État du 30 pluviôse an XIII, sur la pêche, est le décret rendu le 6 juillet 1793, au sujet d'une pétition par laquelle on demandait l'abolition de ce

Peut-on conclure raisonnablement d'une telle résolution qu'elle implique la reconnaissance de la propriété privée des riverains? Une innovation si considérable au droit public le mieux établi, peut-elle résulter d'un simple ajournement, prononcé uniquement dans des vues de popularité législative?

Le second document est un autre rapport fait à l'Assemblée nationale, *quatre mois après* celui de M. Arnoult, par M. Millet de Mureau, député de Toulon, sur la navigation des rivières de Juine, d'Essonne, du Remard, et sur le canal qui devait les joindre à la Loire, près d'Orléans.

La navigation de ces rivières avait existé en partie pendant deux siècles; mais les péages, les difficultés que les navigateurs éprouvaient de la part des seigneurs d'un côté; de l'autre, la disette des fonds, la mauvaise administration, la négligence dans l'entretien, tout avait concouru à la faire abandonner (p. 6).

M. Dransy, ingénieur, se présentait pour la rétablir.

La demande du sieur Grignet, moteur et entrepreneur du projet, et des sieurs Gerdret, Jars et Comp^e, soumissionnaires pour les fonds, avait été renvoyée, par un décret du 6 octobre 1790, au département de Seine-et-Oise et à celui du Loiret, pour constater l'utilité de cette navigation, et donner leur avis (pag. 10).

droit prétendu par des ci-devant seigneurs, et qu'il fût permis à chacun de pêcher le long de ses héritages. La Convention nationale adopta l'ordre du jour, motivé par les articles 2 et 5 du décret du 25-28 août 1792. C'était ne rien décider quant à la permission demandée, car ces articles, *en enlevant* le droit aux ci-devant seigneurs *sans l'attribuer à personne,* l'avaient évidemment *laissé dans le domaine public,* auquel l'abolition de la féodalité l'avait *réuni* avec la propriété du lit des rivières.

Ces avis sont rapportés, avec ceux des directoires des districts des villes d'Étampes et de Corbeil, et ceux des villes et municipalités de Paris, Corbeil, Pithiviers, Malesherbes, Buno, Boigneville, Gironville, Bonnevaut, Messe, Vaire, Boutigny, Guinneville, Laferté-Aleps et Essonne. Tous ces avis se réunissent sur l'importance de l'entreprise projetée (p. 10).

Cependant deux municipalités, d'avis contraire aux départements et aux directoires, s'opposaient à son exécution. L'une (celle d'Étampes) avait rejeté ce projet, dans une assemblée reconnue illégale, sans donner aucune raison; l'autre (celle de Buno) fondait son refus sur un embarras local, ruineux *si l'on ne suivait pas le lit de la rivière*; et, ajoute M. Millet de Mureau, comme elle présente le *remède*, il est *facile de la rassurer sur ces craintes destructives* (p. 11 et 12).

« En soumettant ces Compagnies, dit-il, à toutes les « conditions qui assurent les succès, ou du moins qui, « en cas d'interruption, rendent utiles les parties com- « mencées, *la nation s'épargne une dépense onéreuse ; et*, « *en n'aliénant la propriété*, en dédommagement, *que pour* « *un terme fixe*, à l'expiration de l'époque *elle entre* « dans une propriété qn'elle trouve *en bon rapport*, et qui « ajoute une ressource précieuse aux finances de l'État » (p. 3 et 4).

« Les entrepreneurs demandent qu'il leur soit *fait don* « *perpétuel et irrévocable, à leurs hoirs, successeurs, et* « *en pleine propriété incommutable*, etc.

« Cette demande ne peut être accordée sans contra- « rier vos principes constitutionnels. *Le fonds du canal* « de cette navigation, *ses bords*, ses chemins de halage, « ses ponts, ses écluses, ses étangs, ses réservoirs, ses « ports ; *tous ces objets ne peuvent et ne doivent être alié-* « *nés que pour un temps limité*......

« Mais les magasins, les bateaux, les maisons, les usi-
« nes qu'ils auront construits sur les bords de cette na-
« vigation sous votre autorisation ; tous ces objets bâtis
« à leurs frais, et indépendants de leur navigation, for-
« meront pour eux, leurs hoirs ou ayant-cause, une pro-
« priété réelle et irrévocable, parce qu'à l'expiration de
« l'époque fixée, toute indemnité accordée sur le public
« *passera au profit de la nation*, alors chargée de son
« entretien, sauf aux entrepreneurs à tirer de leurs ma-
« gasins, maisons, usines, bateaux, tel parti qu'ils ju-
« geront convenable.... (p. 22, 23). »

En conséquence, un décret dudit jour 18 août 1791
autorise l'entreprise.

Les art. IV et XVI de ce décret portent :

« Art. IV. Ils (les sieurs Grignet, Gerdret, Jars et
compagnie) acquerront les propriétés nécessaires à
cette entreprise, savoir, les terrains nécessaires à
l'élargissement de la rivière, ceux pour le *chemin de
halage*, les *talus*, les *francs-bords*, les *contre-fossés*....

« Art. XVI. En considération de l'entreprise, de son
importance et des grandes dépenses qu'elle occasionne,
les entrepreneurs jouiront, pendant cinquante ans
(dans lesquels le terme fixé pour l'achèvement du canal
n'est point compris), du droit de péage qui sera décrété; et après ce terme, *ce canal et ses dépendances
appartiendront à la nation;* mais les sieurs Grignet,
Gerdret et Jars conserveront la propriété absolue

1° Des magasins qu'ils auront construits, maisons,
auberges, moulins, et généralement de tous les établissements qu'ils auront faits, tant sur le bord *du canal* et
des *rivières* que sur les terrains qu'ils auront *acquis* ;

2° Des francs-bords et contre-fossés dudit canal et

des rivières, à charge de souffrir, sans indemnité, le dépôt des vases provenant du curement du canal et des rivières, ainsi que des matériaux nécessaires aux réparations (pages 26, 27, 31, 32) (1). »

Rien n'indique, dans ce rapport, l'existence, soit de la part des anciens seigneurs, soit de celle des départements, des communes ou des riverains, d'aucune réclamation tendant à revendiquer la propriété du lit des rivières, ou à obtenir un dédommagement quelconque.

L'Assemblée déclare qu'elle dispose temporairement d'une propriété de l'État, afin de la mettre en *bon rapport*.

Cette loi avait été précédée par celle du 3 - 12 juin de la même année, portant autorisation d'ouvrir le canal de Gisors, qui devait emprunter le lit de la rivière d'Epte, non navigable ni flottable.

Elle fut suivie par celles du 30 avril - 6 mai 1792, qui prescrivit la canalisation de partie des rivières d'Aube et de Voire, pour faire communiquer la première de ces rivières à la seconde ; — du 6 septembre de la même année, concernant le canal du Rhône au Rhin, devant emprunter des parties non navigables ni flottables du Doubs, de l'Haleine et de l'Ille ; — du 18 décembre idem, portant exécution du canal d'Ille et Rance, qui devait emprunter aussi des parties non navigables ni flottables de l'Ille et du Linon ; — du 27 mai 1795, ordonnant l'exécution du canal de Saint-Quentin.

Il n'apparaît non plus d'aucune réclamation des riverains.

Le troisième document législatif est non moins pé-

____

(1) Procès-verbal de l'Assemblée nationale, imprimé par son ordre, chez Baudouin, tom. LXVII.

remptoire : je veux parler du projet de Code civil discuté à la Convention nationale.

M. Cambacérès, qui l'avait rédigé, en fut le rapporteur. Il présenta son rapport dans la séance du 6 août 1793 (1).

L'art. 2, tit. I du second livre de ce projet, eût abandonné au domaine *privé* des riverains, *tous les cours d'eau non navigables et non flottables*, puisqu'il était conçu en ces termes :

« Les biens nationaux sont,

« 1° Les chemins publics,

« 2° Les rues et places des villes, bourgs et villages,

« 3°. . . . .

« 4°. . . . .

« 5° *Les rivières navigables, leurs lits et leurs bords,*

« etc... (2). »

On fut probablement frappé, en l'examinant, de la restriction notable que cet article aurait fait subir à la disposition générale de la loi du 22 novembre-1er décembre 1790 (3).

Quoi qu'il en soit, le rapporteur proposa, dans la séance du 7 septembre suivant, une nouvelle rédaction du paragraphe 5, et cette rédaction portait :

« 5° Les rivières tant navigables que NON NAVIGABLES, « *et leurs* LITS. »

L'article tout entier fut adopté avec cet amendement (4).

---

(1) Son rapport existe imprimé à la bibliothèque de la Chambre des députés.

(2) Fenet, *Rec. complet des trav. préparat. du Code civil*, I, 36.

(3) *Vide suprà*, p. 52.

(4) Voy. le procès-verbal de cette séance, dans le tome XX des procès-verbaux de l'assemblée, p. 165. — Fenet, *ubi suprà*, I, xlj.

En l'an 11, le même projet du Code civil fut représenté.

On a donc avancé sans fondement que les riverains, par le seul fait de l'abolition de la féodalité, *redevinrent*

L'art. 67 (liv. ii, tit. i^{er}) portait :

« Les biens nationaux sont :

« *Toutes les portions du territoire national qui ne sont pas suscepti-*« *bles d'une propriété privée ;*

« Les biens vacants ;

« Les biens que la nation a retirés des mains des corporations et du tyran ;

« Les biens qu'elle confisque (*a*). »

La Convention le repoussa comme trop concis, et nomma, *pour reviser de nouveau et coordonner le code décrété*, une nouvelle commission, où elle appela MM. Cambacérès et Merlin.

Enfin ce projet est soumis au conseil des Cinq-Cents, par M. Cambacérès, *au nom de la commission de la classification des lois* (*b*).

« Nous avons rangé, dit-il, parmi les propriétés publiques, les *biens qui ont toujours appartenu à la nation*, ceux qu'elle a *remis dans ses mains*, ceux qui sont *consacrés à des usages d'intérêt général*, ceux qui ne sont pas *susceptibles d'une propriété privée*. Sur cette matière, la loi du 22 novembre 1790 nous offrait une énumération presque complète, *et des dispositions que nous nous sommes empressés de recueillir* (*c*). »

L'article 403 de ce projet était conçu ainsi qu'il suit :

« Les biens nationaux sont,

« Les rues et les places des communes murées ;

«   .   .   .   . ;

«   .   .   .   . ;

« Les fleuves et *rivières*, tant navigables que non navigables, *et* « *leurs* lits, sans préjudice du droit qu'ont les riverains d'user des eaux « des rivières non navigables, en se conformant aux règles établies ;

«   .   .   .   . ;

«   .   .   .   . ;

« *Toutes les portions du territoire qui ne sont pas susceptibles d'une* « *propriété privée ;*

(*a*) Page 21 du projet joint au rapport. — Fenet, *ubi suprà*, tom. I, p. 116.
(*b*) Fenet, même volume, p. xlvii.
(*c*) *Id.*, p. 161.

propriétaires du lit des cours d'eau non navigables, et que l'État *ne se substitua point aux droits des seigneurs, en ce qui concerne la propriété du lit de ces cours d'eau* (1).

Il faut proclamer, au contraire, comme M. Troplong, « que l'État, successeur de la seigneurie féodale dans la haute justice, *recouvra de plein droit avec celle-ci, le domaine des petites rivières et l'héritage de tout ce qui s'y rattachait* pendant qu'elle était morcelée; que, dès lors, le droit romain sur la propriété de ces rivières fut en quelque sorte ressuscité, et qu'on put dire avec lui : *flumina autem omnia publica sunt* (2). »

Les actes ultérieurs de la législature, ou du gouvernement, qui en est l'interprète officiel, suffiraient pour justifier cette proposition.

1° On déclare d'abord que les *rivières* et les chemins publics *vicinaux* ne sont point cotisables (3).

2° Immédiatement après, le ministre de l'intérieur, donnant de nouvelles instructions aux administrations centrales, pour l'exécution de l'arrêté directorial du 19 ventôse an vi, relatif aux rivières navigables, leur prescrit de comprendre dans le travail dont il les a chargées, *depuis le plus petit ruisseau jusqu'au plus grand fleuve,* et

« . . . . ;

« Les biens que la nation a *remis dans ses mains,* quelle qu'en ait été
« l'*origine* ou la destination;

« Les biens confisqués (*a*). »

(1) M. Daviel, *Pratique des cours d'eau,* p. 23, 24.

(2) *Traité de la prescription,* t. I, p. 217, 218.

(3) Art. 103 de la loi du 23 novembre 1798 (3 frimaire an 7), *relative à la répartition, à l'assiette et au recouvrement de la contribution foncière.*

(*a*) Page 15 du rapport, et 84 du projet qui s'y trouve joint. — Fenet, *ub. sup.,* 241, 242.

d'examiner *tous les cours d'eau de leur département*, sans exception (1).

3° L'article 714 du Code civil, décrété et promulgué les 19-29 avril 1803, déclare ensuite qu'il est des choses qui n'appartiennent à personne et dont *l'usage est commun à tous*. Des lois *de police*, ajoute-t-il, *règlent la manière d'en jouir*.

Cette disposition proscrirait seule toute prétention de propriété privée sur les cours d'eau publics, car la propriété d'un cours d'eau n'emporte pas moins naturellement que le droit même de ce cours, celle du lit sur lequel les eaux roulent (2).

━━━◆◆◆━━━

SECTION IV.

Examen de la question, d'après les titres du Code civil concernant la distinction des biens, *ainsi que la* propriété *et les lois spéciales qui s'y réfèrent.*

L'État, se trouvant pleinement rentré dans la propriété du cours et du lit des rivières non navigables et non flottables, d'abord par l'effet seul de l'abolition de la féodalité, et, en second lieu, par la promulgation des nouvelles lois ci-dessus rappelées, quels étaient légalement ses droits sur ces cours d'eau, lorsque la préparation du Code civil qui nous régit fut entreprise?

Reprenons Grotius, qui a déjà répandu tant de lumière sur leur condition, envisagée d'après le droit naturel.

Ce publiciste illustre dit, liv. ii, ch. ii, § xii :

« Une rivière, *en tant que rivière*, appartient au *peu-*

____

(1) *Circulaire* du 9 pluviôse an vii.

(2) *Questions de droit* de Merlin, V. *Cours d'eau*, t. II, p. 730, dern. alin. de la 1re col.

« *ple dans les terres de qui elle coule*, ou à celui *sous la*
« *domination de qui est le peuple;* en sorte qu'il peut y
« faire des écluses et s'approprier ce qui y naît. Mais
« cette même rivière, considérée comme *eau courante,*
« est du nombre des choses qui sont *demeurées en com-*
« *mun,* c'est-à-dire que chacun peut y boire et puiser
« autant qu'il en a besoin. »

Dans le chapitre viii du même livre, il s'exprime en
ces termes :

« § XI. 1. Pour ce qui est des *alluvions*....., il faut
« tenir pour *certain* qu'elles *appartiennent aussi au peu-*
« *ple, si le peuple s'est approprié la rivière*, ce que l'on
« doit PRÉSUMER DANS UN DOUTE : si non, elles sont au
« premier occupant.

« § XIII. Ce que nous venons de dire des alluvions, il
« faut l'appliquer aussi aux bords que la rivière aban-
« donne, et à une partie du lit de la rivière laissé à sec;
« c'est-à-dire que, quand il s'agit d'une rivière *dont per-*
« *sonne ne s'est emparé*, les bords abandonnés, et la
« partie du lit laissée à sec, sont au premier occupant :
« *autrement, tout cela appartient au peuple qui s'est*
« *emparé de la rivière;* et les particuliers n'y peuvent
« *rien prétendre que quand le peuple, ou celui qui est re-*
« *vêtu des droits du peuple, leur a donné les terres voisines*
« *comme s'étendant jusqu'à la rivière, sans autres bornes.*

« § XVI. 1. Les jurisconsultes romains, pour montrer
« la conformité de leurs décisions avec le droit naturel,
« allèguent ordinairement cette maxime commune :
« *Qu'il est selon la nature que celui qui souffre les incom-*
« *modités d'une chose, jouisse aussi des avantages qui en*
« *proviennent :* d'où il s'ensuit, selon eux, que la rivière
« rongeant souvent une partie des champs voisins, il est
« juste que les propriétaires de ces champs profitent du
« bénéfice des alluvions.

« 11. Mais la maxime dont il s'agit n'a lieu que quand
« les avantages *proviennent d'une chose qui est à nous :*
« or, ici ils proviennent de la rivière qui *appartient à*
« *autrui* (*a*). »

« (*a*) Dès là qu'on suppose que la rivière appartient au
« peuple, les propriétaires qui ont acquis des terres voi-
« sines de la rivière, ont dû compter qu'ils pourraient
« recevoir du dommage par les inondations, sans espé-
« rance d'en être dédommagés par les alluvions. D'abord
« il peut y avoir souvent de leur faute, parce qu'ils
« n'ont pas eu le soin d'entretenir les bords de la
« rivière. »

Nous avons vu (1),

Qu'au moment où l'Assemblée constituante s'ouvrit,
notre ancien droit public et la jurisprudence étaient
absolument conformes à cette doctrine;

Que cette assemblée la *sanctionna*, loin de la *modifier*, en comprenant dans la généralité de la disposition qui termine l'art. 2 de la loi des 22 novembre —
1ᵉʳ décembre 1790 (2), aussi bien les *cours d'eau* publics que leur *lit;*

Que si le moindre doute sérieux pouvait s'élever
dans l'esprit, sur ce point, il serait complétement dis-
sipé, tant par le rapport de M. Arnoult et les travaux
de navigation ordonnés ultérieurement dans le lit de
plusieurs rivières non navigables et non flottables,
que par le vote de la Convention nationale, en date
du 7 septembre 1793 (3).

Le Code civil a-t-il apporté quelque modification à
cet état de choses? L'État s'est-il « dépouillé volontairement, par ce code, du lot qu'il avait trouvé dans

(1) *Suprà*, sect. 11.
(2) Id., p. 50.
(3) Id., p. 64, et *infrà*, p. 91, n. 3.

l'héritage de la féodalité? A-t-il abdiqué son droit au profit des riverains (1)? »

Ici se place une remarque fort importante.

A l'ouverture des conférences sur la rédaction du Code civil, les personnes nommées pour les tenir (2) reçurent du ministre de la justice, en exécution de l'ar-rêté du gouvernement consulaire du 12 août 1800 — 24 thermidor au VIII, *les trois projets rédigés par ordre de la Convention nationale* (3), *et celui que la section de législation des commissions législatives avait présenté.*

N'oublions pas, d'ailleurs, quels étaient les membres de cette commission (4), ceux de la section de législa-tion du conseil d'État qui examina leur travail, de con-cert avec eux, et ceux qui composaient l'assemblée gé-nérale du conseil où le projet fut définitivement arrêté. La Constituante assistait à la préparation de cette œuvre magnifique, par MM. Tronchet, Emmery, Regnaud (de Saint-Jean d'Angély); la Législative, par M. Bigot-Préa-meneu; la Convention, par M. Berlier; le conseil des Cinq-Cents, par M. Siméon, et celui des Anciens, par M. Portalis. M. Treilhard avait été successivement constituant, conventionnel et des cinq-cents. M. Cam-bacérès présidait les séances, en l'absence du premier consul; il ne manquait jamais d'y assister.

Ces hommes éminents étaient parfaitement instruits de l'esprit et du but de la législation à laquelle ils avaient concouru, et leur intention n'était point, je n'ai pas besoin de le dire, car personne n'en doute, de diminuer l'apanage du domaine public.

(1) M. Troplong, *ub. sup.*, I, p. 222.

(2, 4) MM. Tronchet, Bigot-Préameneu, Portalis; M. Malleville était secrétaire de la Commission.

(3) Suprà, p. 65, et la n. 4 de cette même page.

Ils ne firent que s'approprier, pour énumérer les objets qui en sont une dépendance, la disposition de l'article 2 de la loi du 22 novembre — 1er décembre 1790. Tout le changement se réduisit à remplacer ces mots : *chemins publics, rues et places des villes,* par ceux-ci : *les chemins, routes et rues à la charge de l'État* (1). Ainsi rédigé, l'art. 538 doit donc être entendu et interprété, comme l'avait été jusqu'alors, par le pouvoir exécutif, celui dont il n'est, au fond, que la reproduction presque littérale.

Il comprend, dès lors, dans la généralité des termes qui le terminent, même les rivières *non navigables et non flottables,* quoiqu'il n'en parle pas explicitement, puisqu'elles font partie *des portions du territoire français qui ne sont pas susceptibles d'une propriété privée.* Le rapport de M. Arnoult, le vote législatif du 7 septembre 1793, et les divers actes d'exécution qui avaient précédé son adoption, se réunissent pour répandre sur lui tout l'éclat de l'évidence. Il reproduit et consacre pleinement l'esprit et le vœu des législatures antérieures.

Cette conséquence est irrésistible, car le tribunal d'appel de Lyon avait fait observer, en examinant le projet, qu'on avait *oublié* d'y énoncer *que les rivières et ruisseaux non navigables et flottables appartenaient aux riverains des deux bords* (2); et nous avons la certitude que la section de législation du conseil d'État *profita des observations des cours de justice pour améliorer ce projet* (3).

____

(1) Locré, VIII, p. 40, n. 31.

(2) *Observations des tribunaux d'appel* (imprim. de la République), 3ᵉ partie, liv. 3, p. 63.

(3) Locré, *Esprit du Code civil,* in-4°, t. I, p. 73, 74 ; — *Législation civile de la France,* par le même, I, p. 73.

Si l'oubli signalé eût existé à ses yeux, si elle avait jugé la réclamation fondée, elle n'eût pas manqué d'y faire droit.

Puisque la disposition du projet fut conservée et sanctionnée, la dernière partie doit produire son effet non moins que la première; par conséquent, embrasser les *cours d'eau* publics et les *chemins vicinaux,* la propriété de ceux-ci n'ayant encore, à cette époque, été attribuée non plus aux communes, par aucune loi.

Cette disposition serait tout ensemble surabondante et inexplicable si elle n'avait pas cette signification, surtout quand on la rapproche de l'énumération que contiennent les art. 539, 540 et 541. La loi civile ne peut jamais prévaloir sur la loi politique, quand elle ne contient point une dérogation très-expresse à celle-ci; et il s'ensuit de cette règle, que l'article 538 n'est ni *restrictif,* ni *exclusif.*

S'occupant uniquement des choses susceptibles de propriété *privée,* et ne devant pas, nécessairement, indispensablement, traiter de ce qui rentre dans le droit public, le Code civil pouvait se contenter de procéder par voie de *généralisation.*

« Les lois romaines distinguaient dans les biens, dit
« l'orateur du gouvernement, M. Treilhard, ceux qui sont
« communs à tous les hommes, comme l'air, comme
« la mer, dont un peuple ne peut envahir la domination
« sans se déclarer le plus odieux et le plus insensé des
« tyrans; les choses publiques, comme les chemins, les
« ports, les rivages de la mer, et autres objets de cette
« nature; les choses qui n'appartenaient à personne, *res*
« *nullius,* telles étaient celles consacrées au service divin
« les choses qui appartenaient aux communautés d'habi-
« tants, comme les théâtres et autres établissements de
« cette espèce; et enfin les choses dites *res singulorum,*

« c'est-à-dire celles qui se trouvaient dans le commerce,
« parce qu'elles étaient susceptibles de propriété privée.

« Les biens compris dans cette dernière classe sont *les
« seuls dont le Code civil doive s'occuper ;* les *autres sont
« du ressort d'un code de droit public, ou de lois adminis-
« tratives,* et l'on N'A DU EN FAIRE MENTION QUE POUR
« ANNONCER QU'ILS ÉTAIENT SOUMIS A DES LOIS PARTICU-
« LIÈRES (1) ».

Nous sommes donc sans cesse ramenés à la loi de
1790, qui reconstitua fondamentalement ce domaine,
afin de l'agrandir de tout ce que la féodalité en avait
démembré dans chaque province.

Ce n'est pas la première fois que le législateur emploie
une formule générale, bien moins encore pour ne pas
tomber dans le danger d'une définition incomplète, que
pour éviter de soulever des .oppositions toujours fâ-
cheuses (2).

Ajoutez que M. Malleville, qui eut l'honneur de con-
courir à la rédaction et d'assister à la discussion , nous
apprend, sur l'art. 539, relatif aux *biens vacants* et sans
maître, qu'*il parut conséquent d'adjuger à la nation, ce
que les seigneurs s'attribuaient autrefois.*

Concluons, dès lors, de tout ce qui précède, qu'il ne
faut point induire du silence gardé par le Code, concernant les petites rivières publiques nommément,
que le législateur les ait détachées du domaine public

____

(1) Locré, VIII, p. 58, n. 18, 19.

(2) Le Tribunat fut peut-être la cause de cette manière de procéder, à cause de l'empressement qu'il mettait à saisir toutes les occa-
sions de se populariser. Parlant des tribuns, qu'il appelait des *rois
détrônés*, le premier consul avait dit : « Ces gens-là croient que c'est
« ici comme au Directoire, que je vais les flatter, les cajoler; ils se
« trompent. Quand ils me diront des sottises, je leur en répondrai
« d'autres. » (Locré, I, 85, 86.)

dont elles étaient alors une dépendance non contestée depuis quatorze ans. On ne déroge point, on ne doit pas, en droit, supposer qu'il a été dérogé par voie de *prétérition*, à un principe aussi ancien que celui qui avait toujours placé dans le patrimoine de l'État la propriété des petites rivières et de leur lit : ces deux propriétés sont indivisibles ; l'une comporte absolument l'autre, sauf une disposition explicitement contraire. Une loi aurait pu seule en dépouiller le domaine, et cette loi n'existe point. (Voy. *infrà*, p. 77.)

Votre conviction n'est-elle pas formée encore? Persistez-vous à supposer que l'art. 538, bien qu'il soit la copie presque conforme de l'art. 2 de la loi politique de 1790, n'embrasse et ne régit point les petites rivières, par la raison que ce dernier était lui-même muet à leur égard?

Veuillez, s'il en est ainsi, prendre, à votre choix, le Moniteur (1) ou le trente-cinquième volume des procès-verbaux de l'Assemblée nationale (2), ouvrir l'exposé des motifs de la loi précitée, fait par M. Enjubault, au nom du comité des domaines dont il était membre, et vérifier l'exactitude du passage dont suit la teneur :

(Après avoir expliqué le sens de la définition du domaine national contenue dans l'art. 1er, M. Enjubault continue :)

« Les articles suivants *assurent et déterminent les* « *droits de la couronne; ou*, pour s'exprimer plus exac- « tement, *les droits de la nation sur toutes les parties de* « *son territoire qui n'appartiennent à personne, soit parce* « *qu'elles ne sont pas susceptibles d'une propriété privée,* « ou bien parce qu'elles se trouvent actuellement sans

(1) Nᵒˢ 313, 314.

(2) Nᵒ 465. Ce procès-verbal prouve que les art. 1 et 2 furent adoptés sans aucune réclamation.

« maître. Votre comité vous doit compte des motifs qui
« l'ont déterminé dans la rédaction de ces articles.

« Il a considéré, d'après les publicistes tels que Gro-
« tius, le Bret, Chopin, etc., que toute nation a *le*
« *souverain domaine de l'universalité du territoire qu'elle*
« *occupe. Ce domaine éminent*, qui ne diffère de la puis-
« sance publique que comme la cause diffère de son
« effet, *lui assure la propriété directe de toutes les por-*
« *tions de ce territoire qui, par leur* NATURE *ou leur* DES-
« TINATION, *ne peuvent appartenir à personne en parti-*
« *ticulier*, et de celles encore qui demeurent vacantes et
« sans maître. Les grands chemins, les fleuves, les ri-
« vages de la mer, etc., sont de la première classe : les
« biens vacants et les successions délaissées faute d'hoirs,
« sont compris dans la seconde. *L'effet naturel de la*
« *propriété publique sur tous ces objets, est d'attirer et de*
« *confondre en elle-même la propriété privée.* Notre Code
« législatif a adopté ces maximes. L'ordonnance de 1669
« déclare le roi propriétaire des fleuves et des rivières
« navigables ; celle de la marine, de 1681, et l'édit de
« 1710, lui adjugent les rivages et relais de la mer ; et
« avant vos décrets, *le simple haut justicier jouissait de*
« *plusieurs prérogatives de même nature* dans l'étendue
« de sa haute justice, *parce qu'il était dépositaire d'une*
« *portion de la puissance publique sur ce territoire. Il*
« *exerçait à ce titre des droits de* PROPRIÉTÉ *sur les che-*
« *mins publics, les* PETITES RIVIÈRES *et les terres vaines et*
« *vagues ;* c'était par la même raison qu'il avait le droit
« d'épaves réelles et immobilières.

« A la vérité, Loyseau et quelques autres jariscon-
« sultes ont prétendu que les grands chemins, les fleu-
« ves, les lieux inaccessibles, n'étaient pas susceptibles
« d'une véritable propriété ; mais l'objection dégénère
« évidemment dans une dispute de mots, puisque ceux-

« ci conviennent avec les autres que les fruits que ces
« choses produisent appartiennent à la nation, et qu'elle
« exerce incontestablement sur elles les droits de sou-
« veraineté qui dérivent de la suprématie territoriale ;
« et tel est l'avis du savant éditeur du *Traité des Domai-*
« *nes*, de Lefèvre de la Planche.

« On a objecté qu'en plaçant les fleuves et les rivières
« dans la classe des objets domaniaux, il en pouvait ré-
« sulter des prétentions contraires aux *droits et aux in-*
« *térêts des propriétaires riverains*. Je réponds, au nom
« de votre comité, que ces objets *sont* DOMANIAUX PAR
« LEUR NATURE, *et en vertu des lois sous l'empire des-*
« *quelles nous avons vécu jusqu'ici.*— L'article qu'il vous
« propose, messieurs (l'art. 2) (1), *n'est point* INTRODUC-
« TIF D'UN DROIT NOUVEAU, et ces objets appartiendraient
« A LA NATION, QUAND LE DÉCRET GARDERAIT A CET ÉGARD
« UN SILENCE ABSOLU. *Il ne peut donc y avoir d'inconvé-*
« *nient à énoncer une vérité qui existe* PAR ELLE-MÊME.
« La prudence au contraire exige de commencer par la
« reconnaître, et de prendre des précautions pour em-
« pêcher qu'on en abuse. Ainsi *en déclarant* que les
« fleuves et *les* RIVIÈRES appartiennent à la nation, on
« peut en *excepter*, par une disposition formelle, les
« alluvions, les attérissements, les îles mêmes, *si on le*
« *juge convenable*, et en général tous les objets sur les-
« quels il serait injuste ou dangereux que le domaine
« formât des prétentions..... (2). »

Passons maintenant à la discussion du titre concernant la *propriété*, et voyons si ses dispositions les ont
abandonnées aux riverains.

Le comité des domaines de l'Assemblée constituante

(1) Suprà, p. 52.
(2) Pages 4, 5 et 6 du rapport.

lui avait laissé le soin, si elle le jugeait convenable, d'*excepter* de la disposition qu'il proposait, afin de déclarer l'État propriétaire absolu de toutes les rivières, les alluvions, les atterrissements, les îles mêmes (1). La loi qui intervint n'apporta cependant aucune restriction à la propriété pleine et entière dont elle investit la nation.

Plus tard, les comités féodal, des domaines, d'agriculture et du commerce, proposèrent à cette assemblée de suivre sur cela l'esprit de la loi romaine (2).

Obligés de se prononcer entre ces deux systèmes, les rédacteurs du Code avaient trouvé convenable de laisser entièrement à l'État la propriété des îles, îlots et atterrissements qui se forment dans le lit des fleuves et des rivières navigables ou flottables, et d'abandonner aux propriétaires ceux des autres rivières (3).

La discussion s'ouvre sur ces deux articles.

« M. Jollivet dit que le premier prononce sur une question qui est encore controversée ; car les ordonnances ne décident pas que les îles et les îlots appartiennent à la nation.

« M. Treilhard répond que la question est déjà résolue ; puisque le conseil a déjà décidé que le lit des rivières flottables et navigables appartient au domaine national, il a nécessairement décidé aussi que les îles et îlots *qui font partie du lit*, suivent le sort de la chose principale.

« ....

« M. Jollivet dit que cependant, avec l'article proposé, le domaine dépouillerait même ceux dont la propriété repose sur l'autorité de la chose jugée.

« M. Tronchet répond que cet inconvénient est im-

(1) Vid. suprà, p. 77.
(2) *Idem*, p. 56.
(3) Art. 18 et 19 du projet, Locré, VIII, p. 118, 119.

possible. L'Assemblée constituante a déclaré le domaine national aliénable et prescriptible.

« Quant à la question principale, on a dit avec raison qu'elle était décidée, car il ne peut exister à la fois deux principes contradictoires. *Cependant les îles et îlots* dans les rivières non navigables, *sont des objets de si peu d'importance*, qu'il n'y a peut-être aucun intérêt à les disputer aux particuliers.

« M. Jollivet pense que, pour tempérer la forme trop absolue de la disposition, on pourrait la réduire au cas où il n'y a ni titre ni possession contraires.

« M. Defermon appuie cette proposition, parce que, comme la propriété des fleuves et des rivières ne peut être prescrite, on pourrait en conclure que l'imprescriptibilité s'étend aux îles et îlots.

« M. Tronchet répond que la prescription frappe sur tout ce qui, de sa nature, est susceptible d'être possédé; or, quoique, par la nature des choses, les fleuves ne puissent être prescrits, les îles qu'ils renferment peuvent l'être.

« M. Treilhard ajoute que l'art. 538 répond d'ailleurs à l'objection, puisque sa disposition est bornée aux fleuves, et qu'il ne comprend pas les îles. Ainsi, d'après cet article, *le lit du fleuve n'est pas susceptible de propriété privée*; mais il ne s'ensuit pas que les morceaux de terre qui se placent au milieu ne puissent appartenir à des particuliers, et, sous ce rapport, devenir prescriptibles.

« L'article est adopté avec l'amendement de M. Jollivet (1), » et forme le 560ᵉ du Code.

Retenons de cette discussion si instructive, que le lit des cours d'eau publics n'appartient qu'à l'État; que les

______

(1) Locré, VIII, 126, 14, 15.

îles, îlots et atterrissements en font partie; qu'ils sont de la même nature que lui, et que le domaine en aurait eu de plein droit la propriété, s'il n'avait point modifié le principe qui la lui attribue, à l'égard des rivières navigables, et abandonné les autres aux riverains des petites rivières, à cause du *peu d'importance* qu'ils avaient aux yeux du législateur.

L'art. 21 du projet (563 du Code) est discuté immédiatement.

« M. Galli fait observer que cet article est contraire au droit romain, à l'équité, enfin à l'usage reçu, surtout dans la 27e division militaire (le Piémont), où il produirait des effets fâcheux.

« La loi *adeo* 7ª ff *de acquir. rer. dom.* § *quod si toto* 5°, décidant sur la propriété du lit abandonné par un fleuve, la donne à ceux *qui juxta alveum habent sua prædia.* Les Institutes X *de rer. divis.* § *quod si naturali* 23°, disent également : *prior quidem alveus eorum est qui propè ripam ejus prædia possident : pro modo scilicet latitudinis cujusque agri quæ propè ripam sit. Novus autem alveus ejus juris esse incipit cujus et ipsum flumen est, id est publicus.*

«Ces décisions sont fondées sur ce que les riverains ayant souffert les incommodités des inondations et les autres dommages qu'entraîne le voisinage des fleuves, il est juste de leur donner la compensation, en leur abandonnant le lit que le fleuve a délaissé (1). Ce n'est pas qu'il ne fût aussi à souhaiter qu'on pût accorder une indemnité aux propriétaires des héritages desquels le fleuve s'empare dans son cours nouveau; mais cette indemnité ne doit pas être assignée sur l'ancien lit, au préjudice du droit antérieur qu'y ont les riverains.

(1) Locré, VIII, p. 128, 17.

« LE CONSUL CAMBACÉRÈS dit que l'usage invoqué par M. Galli n'était pas universel. La jurisprudence du parlement de Toulouse, par exemple, était conforme au système de la section. *L'équité milite surtout pour ceux que le changement du cours du fleuve dépouille de leur propriété.*

« M. TREILHARD dit que les incommodités purement accidentelles et passagères que le voisinage du fleuve donne aux riverains, sont compensées avec usure par les avantages qu'il leur procure, ne fût-ce que par la facilité des transports. (C'est l'avis de Grotius (1) mis en pratique!)

« M. MALLEVILLE dit que *la jurisprudence n'a pas confirmé les dispositions du droit romain sur ce sujet.....* Maintenant qu'il s'agit de faire une loi nouvelle, *c'est cette équité qu'il faut suivre.*

« L'article est adopté (2). »

Cela posé, peut-on sérieusement, je le demande, voir dans le chap. II, section Ire, du titre *de la propriété*, autre chose que l'application, par l'État, du droit qu'il tient de l'art. 538? Elle y est seulement *modifiée*, quant aux rivières non navigables, autant que l'intérêt public a permis au législateur de la faire fléchir en faveur de la propriété privée, et de la concilier avec elle.

Appliqué dans sa rigueur, ce droit conduisait à maintenir le domaine public dans la propriété des îles et des atterrissements formés dans *toutes les rivières*, INDISTINCTEMENT. Mais si la nécessité d'établir et d'assurer la flottaison rendait cette détermination impérieuse à l'égard des rivières navigables ou flottables, aucune raison d'utilité générale ne l'eût justifiée relativement aux autres.

(1) Voy. Grotius, *suprà*, p. 16 et 66.
(2) Locré, VIII, p. 128, 129, 17.

De là résulte la différence qui existe entre la disposition de l'art. 560 et celle de l'art. 561. Il n'en résulte aucune antinomie. Celui-ci contient une exception, une dérogation au principe dont l'autre est l'application rigoureuse, mais indispensable.

M. Tronchet a fait ressortir lui-même cette différence, en s'expliquant sur la réclamation de M. Jollivet concernant l'art. 560, qui attribuait à l'État, *d'une manière absolue*, la propriété des îles, îlots, etc.

« Cette question est décidée, dit-il, car il ne peut
« exister à la fois deux principes contradictoires. Ce-
« pendant les îles et îlots, dans les rivières non naviga-
« bles, sont des objets de si peu d'importance, *qu'il*
« *n'y a* PEUT-ÊTRE AUCUN INTÉRÊT A LES DISPUTER AUX PAR-
« TICULIERS (1). »

On ne dispute que pour conserver ce qu'on a.

M. Faure justifie, par la même raison, l'abandon que l'État fait aux propriétaires riverains, dans l'art. 561.

« La *distinction* entre les îles des rivières navigables
« ou flottables, et celles des autres rivières, est fondée sur
« ce que les rivières de la première classe *sont d'une*
« *bien plus haute importance pour l'État*, à cause de l'in-
« térêt du commerce, et que rien de ce qui se forme au
« milieu de leur cours ne doit être étranger au domaine
« public (2). »

Eût-on fait cette distinction, si toutes les rivières, les *petites* comme les *grandes*, n'avaient pas dépendu de ce domaine, au même titre ?

Le Code civil n'a donc concédé aux riverains que ce que l'art. 561 *spécifie*.

Il a donc réservé tout ce qui n'est pas compris dans cette énumération *restrictive*.

(1) *Vid. suprà,* 78.
(2) Locré, VIII, p. 186.

Ainsi, malgré la rubrique *du droit d'accession* sous laquelle cet article est placé, il ne faut point, selon la règle que *l'accessoire suit le principal*, conclure de l'attribution, de la concession, ou de l'abandon volontairement fait par l'État, à la propriété du lit des rivières non navigables et non flottables.

Dans l'art. 560, je le répète, le législateur a procédé par voie de *déduction* du principe que les rivières navigables et flottables appartiennent à l'État.

Dans l'art. 561, il a dérogé à ce principe, mais il n'a abandonné, *par exception*, que les îles et les atterrissements.

Il a donc, en soumettant, pour ce cas unique, *l'accessoire* à une propriété indépendante et distincte du *principal*, c'est-à-dire, du lit du cours d'eau non navigable, *retenu tout ce qu'il n'a point délaissé en termes formels*.

Aussi, l'art. 563, véritable corollaire de la disposition générale qui termine l'art. 538, attribue-t-il, toujours par voie de *dérogation*, la propriété du lit de la rivière, lorsqu'elle s'en est retirée, aux propriétaires des fonds où les eaux se sont ouvert un cours nouveau. Ici la loi leur délaisse l'équivalent de ce que le domaine public acquiert ailleurs à leur préjudice. Elle n'a pu le leur attribuer sans déclarer virtuellement, par là même, que l'État en avait la propriété. Cette indemnité, cette sorte d'échange commandé par un fait de force majeure, rentre parfaitement dans l'esprit de l'art. 645, et n'est que l'observation du principe de cet article.

Si les riverains avaient été réellement propriétaires du lit abandonné, on n'aurait pu les en dépouiller, *sans dédommagement*, que par une violation monstrueuse de ce principe constitutionnel.

Ils ne le sont point et ne sauraient l'être, car *ils n'en*

6.

payent point l'impôt (1); et il est impossible, selon la décision d'Ulpien, que le lit d'une rivière publique ne soit pas public : *quia enim impossibile est, ut alveus fluminis publici non sit publicus* (2).

Et voyez, je vous prie, où vous conduirait votre système!

La Cour de cassation a jugé que la pente des cours d'eau dont il s'agit doit être rangée dans la classe des choses qui, suivant l'art. 714, n'appartiennent à personne, et que nul ne peut y prétendre une propriété absolue, si sa prétention n'est appuyée sur une concession spéciale ou possession ancienne (3).

Cette jurisprudence satisfait aux plus hautes considérations d'économie politique; elle procède évidemment du principe que le cours d'eau est une dépendance du domaine public, et qu'on ne saurait acquérir le droit personnel de se l'approprier, qu'autant qu'on en est devenu concessionnaire par un acte de l'administration publique, ou qu'on y supplée par la prescription.

Mais comment cette jurisprudence resterait-elle désormais solidement établie, s'il n'est pas vrai que le lit des eaux dépend exclusivement lui-même du domaine public, et n'est point régi par le droit *privé ?* M. Daviel aurait raison alors de dire, qu'il n'est pas possible de «dénier aux riverains la propriété du cours d'eau considéré comme volume constant et toujours identique à lui-même (4).»

La justice est sans doute la meilleure, et doit être la seule logique du législateur. Il est réputé n'en avoir pas eu d'autre lorsque ce qu'il a édicté est conciliable avec

---

(1) *Suprà,* p. 14, note, 67.
(2) D. lib. xliii, tit. xii, *de fluminibus.*
(3) Arrêt du 14 février 1833. Dalloz, XXXIII, I, p. 138.
(4) *Rev. de législat. et de jurisp.,* III, 427.

la présomption légale de son équité; mais cette règle d'interprétation sera-t-elle observée, quand on aura décidé que le citoyen, dans l'héritage de qui une rivière a transporté son cours, doit à la fois posséder le lit abandonné, et conserver la propriété du nouveau, avec tous les avantages qui en découlent pour lui, tandis que le riverain de l'ancien état de choses ne jouit plus d'aucun d'eux?

On objecte que l'art. 563 présente quelque chose d'étrange et dont on ne peut se rendre raison d'une manière satisfaisante; que, comme toutes les exceptions peu réfléchies, loin d'être une conséquence tirée d'un principe positivement admis par le Code, il est au contraire une exception faite dans un esprit d'équité plutôt mal entendue que bien comprise (1).

Mais la discussion qu'occasionna cet article (2) prouve précisément que le législateur l'adopta en pleine connaissance de cause, et par un sentiment d'équité très-réfléchi : on croit, en la lisant, assister à une leçon très-substantielle de droit romain conféré avec le droit français. Lorsqu'on accuse ainsi sa sagesse et sa justice de s'être égarées, on oublie à la fois les éloquentes et puissantes argumentations par lesquelles Prost de Royer avait attaqué la loi romaine (3), et les protes-

---

(1) Rapport fait à la Chambre des députés, sur la proposition de MM. Aroux et Barbet (*vid. supra*, p. 3), dans les procès-verbaux de la chambre, session de 1835, p. 469, 470.

(2) *Vid. supra*, p. 80, 81.

(3) « L'alluvion fut placée par Justinien et tous les jurisconsultes, dit-il, au rang des moyens d'acquérir établis par le droit des gens, *jure gentium;* c'est-à-dire universellement adoptés. —On statua donc universellement, que l'accroissement d'un fonds par l'*alluvion* devait tourner au profit du propriétaire de ce fonds : *Quod per* alluvionem *agro tuo flumen adjicit*, jure gentium *tibi acquiritur* (§ 201, *de acquir. rerum domin.*).

tations solennelles dont notre droit public devint le sujet, trois ans avant la révolution de 1789, à l'égard

« Loi sage : . . . .

« Mais, comment a-t-on pu décider que, si la rivière, par un abandon total de son lit, laisse tout à coup à découvert un espace de terrain, ce sol doit accroître au territoire voisin ? (§ 23, eod.).

« En effet, pourquoi ce malheureux propriétaire, qui est obligé de céder au fleuve un nouveau canal sur son fonds, n'a-t-il pas le droit de prendre l'ancien lit en remplacement ? pourquoi faut-il que son voisin, qui n'a rien souffert, rien perdu, profite de son malheur, sans motif ni prétexte ? pourquoi enfin a-t-il la faculté de réclamer une partie de son terrain annexée par l'effort du fleuve au terrain de ce voisin, et n'a-t-il pas celle d'en réclamer la totalité dont ce même fleuve le prive ? Certainement tout palliatif pour autoriser la différence des décisions dans ces deux espèces ne peut être fondé que sur une misérable subtilité. En effet, voudrait-on dire : le voisin doit vous rendre la partie détachée de votre fonds, et que le fleuve a jetée sur le sien, parce que vous étiez réellement propriétaire de cette partie : mais le voisin ne doit point vous rendre le lit ancien du fleuve qui, par sa retraite, s'est incorporé à son héritage, parce que ce lit ne vous a jamais appartenu, n'a jamais fait partie de vos propriétés. Eh ! quoi donc, l'effort du fleuve n'est-il pas dans l'un et l'autre cas la cause de mes pertes ? Si le fleuve m'arrache mon fonds pour s'y creuser un nouveau lit, il délaisse l'ancien lit comme pour m'indemniser, par ce qu'il quitte de ce qu'il prend. Un tel échange, une telle restitution peuvent-ils donc m'être enviés, m'être contestés ? Cette décision de Justinien nous paraît inconséquente et injuste.

« Elle contraste d'ailleurs singulièrement avec celle du jurisconsulte Pomponius, qui dit que l'*alluvion* a surtout l'effet de réparer les maux et les pertes qu'occasionne le voisinage d'un fleuve : *Alluvio restituit agrum.* Il développe encore mieux son idée par cette comparaison ingénieuse. L'opération des fleuves est semblable à celle d'un voyer, qui ôte à des particuliers leurs héritages pour en faire des chemins, et qui leur donne le sol des chemins pour en faire des héritages.—Censitorum *vice funguntur, quia ut ex privato in publicum addicunt, ita ex publico in privatum.* (L. 30, D. *de adquir. rer. dom.*)

« Enfin, notre opinion sur l'injustice de Justinien est fortifiée par celle de Vinnius, qui dit que la raison et l'équité doivent faire décider que le nouveau lit que s'était formé un fleuve, doit être rendu au prodes rivières navigables, de la part du parlement de Bordeaux (1).

Tout s'enchaîne dans la loi.

En conséquence, l'article 644 déclarera, dans le titre *des servitudes*, qui sera adopté plus tard, que celui dont la propriété borde une eau courante peut s'en servir à son passage pour l'irrigation de ses terres; mais il ne lui attribuera cette faculté qu'à titre de *servitude*. Elle sera dès lors *précaire*. Il est jugé que le lit abandonné advient à celui que l'article 563 en rend propriétaire, *sans aucune condition* (2).

Pour établir, contre le texte formel de cet article 644, que les riverains possèdent le droit d'irrigation *à titre de propriété du lit*, on invoque (3) le code rural de 1791, qui voulait (4) que *nul ne pût se prétendre propriétaire du cours d'eau d'un fleuve ou d'une rivière navigable ou flottable, et que tout propriétaire pût, en vertu du droit commun, y faire des prises d'eau*, sans néanmoins détourner ni embarrasser son cours.

Mais, d'une part, le même article 644 *abrogea* cette

priétaire qui en avait été malheureusement privé, si ce fleuve reprend l'ancien qu'il avait abandonné : *Æquissimum est agrum recessu fluminis restitutum ad pristinum dominum reverti, licet formam agri impetus fluminis abstulerit.* (Vinnius, *ad Instit.*, p. 146.) Si l'équité exige que le propriétaire qui a perdu soit réintégré dans son ancien domaine, pourquoi cette même équité ne déterminerait-elle pas qu'il jouira de l'ancien lit du fleuve, pendant tout le temps que ce fleuve en occupera un nouveau à son préjudice? » (*Nouv.* Brillon, v° *Alluvion*, 2, t. IV, p. 278 et suiv. (M. DCC. LXXXIV).

(1) Voy. les lettres patentes du roi du 14 mai 1786, la protestation précitée, et les nouvelles lettres patentes du 28 juillet de la même année. *Rec. des anc. lois fr.*, XXVIII, p. 173, 179, 215.

(2) Arrêt de rejet du 11 février 1813, Sirey, XV, p. 100.

(3) M. Rauter, ub. sup., p. 468.

(4) Art. 4 de la 1re sect. du titre 1er.

disposition; en second lieu, l'argument ne serait concluant que dans le cas où l'on aurait déjà démontré que, sous son empire, les riverains eussent été fondés à s'en prévaloir pour s'arroger le lit des grandes rivières : il y a parité parfaite entre les deux hypothèses et les deux inductions.

Il m'est donc impossible de me ranger à l'opinion de M. Troplong, lorsqu'il décide que le Code civil a opéré une grande innovation dans la propriété des rivières non navigables, et que l'État n'y a conservé qu'un droit conditionnel et une sorte de droit de retour (1).

Ce droit, n'importe le nom qu'on lui donne, ne serait-il pas aussi exorbitant qu'inique et arbitraire, s'il ne dérivait pas pour l'État d'un droit *in rem*, alors surtout qu'aucune réserve expresse ne lui sert de fondement? La seule loi qui ait prévu l'événement est celle relative à la *pêche fluviale;* et son article 3 n'assure une indemnité aux riverains, dans cette conjoncture, que pour le droit de pêche dont sa réalisation les priverait.

L'opinion de M. Troplong me paraît, d'ailleurs, absolument inconciliable avec tous les actes de droit public qui sont postérieurs à la promulgation du titre du Code civil sur la *propriété.*

Moins d'un an après, le conseil d'État se fonda principalement sur la loi du 4 mai 1803 — 14 floréal an XI, pour décider que les propriétaires riverains devaient y exercer exclusivement le droit de pêche, parce que, *dans les principes de l'équité naturelle*, celui qui supporte les charges doit aussi jouir des bénéfices (2).

Si le Code civil leur avait transporté la propriété du lit, le conseil d'État n'aurait-il pas fondé sa décision

<hr>

(1) Ub. sup., 15.
(2) Avis du 19 février 1805 — 3o pluviôse, an XIII.

sur cette raison? Aurait-il ajouté : *sans pouvoir cependant, conserver ce droit, lorsque, par la suite, une rivière aujourd'hui réputée non navigable deviendra navigable ?*

Si la propriété des riverains avait été certaine, reconnue, l'avis précité n'aurait pas pu y porter atteinte, et la condition serait sans effet.

L'article 48 de la loi du 16 septembre 1807, loi générale sur les travaux publics en matière de *toute espèce de cours d'eau* navigables, flottables ou non, n'assujettit l'État, non plus que les *concessionnaires particuliers*, lorsque l'ouverture d'une nouvelle navigation ou d'un pont exigera, soit la suppression de moulins et autres usines, soit leur déplacement, leur modification ou la réduction de l'élévation de leurs eaux, qu'au *payement du prix d'estimation ;* encore ne leur impose-t-il cette obligation que dans deux cas : celui où l'établissement des moulins et usines est *légal*, et celui où le titre d'établissement ne soumet pas les propriétaires à les voir démolir sans indemnité, si l'utilité publique le requiert.

L'art. 49 n'accorde une indemnité aux propriétaires que lorsqu'ils cèdent les terrains nécessaires pour *l'ouverture* des canaux de navigation : il la leur refuse donc quand le lit de la rivière est canalisé.

Enfin l'art. 41 de la même loi porte : « Le gouvernement concédera aux conditions qu'il aura réglées, les marais, lais, relais de la mer, le droit d'endiguage, les accrues, atterrissements et alluvions des fleuves, rivières et torrents, quant à ceux de ces objets qui forment propriété publique ou domaniale. » M. Rauter (1) a vu dans cette restriction un argument pour attribuer aux riverains la propriété des petites rivières. Elle ne me

(1) Ub. suprà, p. 466.

semble que le respect des droits consacrés par les articles 560, 561, 562 du Code civil.

Les dispositions de l'ordonnance de 1669, qui grèvent de la servitude de *halage* les propriétés riveraines des rivières navigables, sont étendues à toutes les petites rivières qui le deviendront elles-mêmes par la suite; et cela, sous l'unique condition d'une indemnité, non pour le *lit*, mais pour le *chemin* à fournir (1).

Toutes les eaux qui tombent naturellement ou par l'office des ouvrages d'art, soit dans les canaux de Loîng et d'Orléans, soit dans leurs rigoles, soit dans leurs rigoles nourricières, soit enfin dans leurs réservoirs ou étangs, sont mises en entier à la disposition de ces canaux, et ce, nonobstant toutes jouissances ou usages contraires. Néanmoins, on ne prévoit la nécessité d'une expropriation, c'est-à-dire d'une indemnité préalable, que pour les terrains, maisons ou usines (2).

Le législateur aurait-il procédé de la sorte; ces dispositions ne présenteraient-elles pas un caractère révoltant de spoliation qui ne leur a jamais été reproché, s'il en résultait autre chose que le simple exercice d'un droit dérivant, pour l'État, de la nature et de la propriété même du lit des cours d'eau publics?

Le gouvernement de la Restauration suivit les mêmes principes, lorsqu'il fit abandon à la Société de desséchement des marais de Bourgoing, de l'ancien lit de plusieurs petites rivières restées à sec par suite de l'en-

(1) Décret du 22 janvier 1808. Il porte :

Art. 3. Il sera payé aux riverains des fleuves ou rivières où la navigation n'existait pas et où elle s'établira, une indemnité proportionnée au dommage qu'ils éprouveront, et cette indemnité sera évaluée conformément aux dispositions de la loi du 16 septembre dernier.

(2) Décret du 22 février 1813.

caissement de leur cours principal (1); et lorsqu'il ordonna la vente, au profit du trésor public, des parties de l'ancien lit de l'Armanson, dont les eaux avaient été détournées pour alimenter le canal de Bourgogne (2).

Tout cela s'exécute sans réclamation, sans opposition des riverains.

Il y a plus : vingt-deux canaux ont été ouverts, ou rivières rendues navigables (3), depuis le 28 avril 1810 jusqu'au 12 octobre 1828 inclusivement; la construction de huit autres canaux a été autorisée, de cette dernière époque jusqu'au 3o juin de la présente année (4).

Jamais non plus la propriété des cours d'eau ne paraît avoir été mise en question contre l'État.

Pour le prolongement de la navigation de la Baïse, qui va s'effectuer jusqu'à Condom (Gers), en exécution de la loi du 3o juin 1835, les riverains n'ont réclamé d'indemnité, qu'à cause de la *privation du droit de pêche*, conformément à l'art. 3 de la loi du 15 avril 1829.

Que dis-je? L'ordonnance royale du 11 avril 1821, qui imposait aux concessionnaires des travaux à l'effet

---

(1) Moniteur de 1828, n° 160, p. 831, 3ᵉ col.

(2) Ordonnance royale du 24 mai 1826.

(3) Le canal de la Somme, — le canal de Nantes à Brest, — le canal de la Sensée, — le canal de Saint-Denis, — le canal de Manicamp, — la navigation du Dropt (non navigable), — le canal de communication de la Sambre au bief de partage du canal de Saint-Quentin, — le canal des Ardennes, — la navigation de l'Isle, — le canal Saint-Martin, — les canaux des Étangs, — le canal d'Aire à la Bassée, — le canal latéral de la Loire, — la navigation du Tarn, — la navigation de la Seine supérieure et de l'Aube, et canalisation de la Voire, — le canal de Roubaix, — le canal de la Corrèze et de la Vezère, — la navigation de l'Oise, — Deule et Lys, — la canalisation de la Sambre, — le canal de Roanne à Digoin, — et la navigation de la partie de la Drôme qui était non navigable.

(4) Le canal de Gisors, — celui des Pyrénées, — celui de la Sambre à l'Oise, — celui de Vire et Taute, — celui de Teste à Mimizan, — celui de la Scarpe et de la Baïse.

de rendre la Dronne navigable, l'obligation d'acquérir des propriétaires riverains, les terrains nécessaires pour l'établissement d'un chemin de halage, a été rapportée le 22 avril 1832, par le motif qu'il n'y pas lieu à expropriation dans ce cas, d'après le décret du 22 janvier 1808 (1), mais seulement à un dédommagement dont l'appréciation doit être faite selon ce décret, dans les formes établies par la loi 16 septembre 1807.

L'usage étant la meilleure interprétation des lois (2), je ne puis donc point, en présence de ces actes multipliés, m'empêcher de voir dans celle-là, la conséquence naturelle et logique de l'art. 538 du Code civil, et de reconnaître que les art. 561 et 563 de ce code sont uniquement une *exception* au principe qu'il consacre.

S'il en était autrement, eût-on imaginé d'insérer dans le projet d'un nouveau Code rural qu'on étudiait en 1810, la disposition portant que le lit des ruisseaux et des petites rivières serait considéré comme une dépendance de chaque propriété riveraine, et que la ligne de démarcation entre héritages riverains serait tracée au milieu du courant, d'après les règles ordinaires du bornage (3)? M. Boissel de Montville aurait-il fait à la Chambre des pairs, en 1828, la proposition d'une loi

----

(1) Suprà, p. 90, n. 1.

(2) Si de interpretatione legis quæratur, imprimis inspiciendum est quo jure civitas retro in ejusmodi casibus usa fuisset : optima enim est legum interpres consuetudo. (D. l. 37, *de Legibus.*)

(3) Art. 132 de ce projet. — La majeure partie des commissions qui furent appelées à examiner ce projet, démontra les graves inconvénients de l'innovation proposée. La nature des choses et l'impossibilité de fixer d'autres bornes, dirent ces commissions, obligeaient d'adopter l'eau pour limite des propriétés riveraines. Donner le lit des eaux courantes aux riverains, ce serait établir en leur faveur, ajoutait-on, une propriété inutile et vaine, en encourageant les particuliers à forcer les eaux courantes d'abandonner leur lit, car ce lit est inséparable des eaux qui le couvrent, et ils forment ensemble un tout qui est hors de la disposition et du commerce des hommes.

ayant pour objet d'attribuer aux riverains la propriété des cours d'eau non navigables ni flottables (1)?

Le ministre qui était alors chargé du portefeuille du
département des finances, M. le comte Roy, combattit
cette proposition et en détermina l'ajournement, par des
raisons qu'on essayerait vainement d'affaiblir et de
réfuter. Il argumenta d'elle-même, pour contester aux
riverains le droit de propriété dont on voulait les in-
vestir. « *Si en effet ce droit existait*, dit-il, *à quoi bon le
proclamer par une disposition nouvelle?...* Évidemment,
puisqu'une loi est demandée, c'est qu'on *suppose* que
les lois actuelles sont *muettes;* et dès lors la Chambre
hésitera sans doute à *créer*, en faveur des riverains, un
droit nouveau, et à leur *accorder* une propriété qui ne
leur a *jamais appartenu.*

« Si, dans l'hypothèse qu'admet l'art. 563, le nouveau
lit creusé par la rivière *appartenait au riverain*, il
n'aurait droit à aucune *indemnité*, puisqu'il n'aurait
rien perdu; et d'une autre part, le lit ancien n'ayant pas
cessé d'appartenir au propriétaire du fonds sur lequel il
était creusé, ne pourrait être *donné*, en dédommagement,
au *riverain du lit nouveau.* Si donc la proposition est
adoptée, il y aurait *nécessité* ᴅ'ᴀʙʀᴏɢᴇʀ *cet article,* et
c'est ce que l'on ne propose même pas (2). »

Répondant ensuite à M. Lainé, le ministre secrétaire
d'État des finances estime que l'on s'était «mépris sur le
principe adopté par le Code civil, quant à la propriété du
lit des cours d'eau. On a voulu présenter à cet égard
l'art. 561 comme la règle générale, et l'art. 563 comme
une exception à cette règle. Ces deux articles semblent
au contraire se concilier facilement, dans le système
contraire à la proposition.

(1) *Moniteur* de 1828, n° 160.
(2) *Id.*, n. 164, p. 851.

«Que résulte-t-il en effet de leur combinaison? Que le Code a *distingué* la *propriété du lit,* de celle *de l'île ou de l'atterrissement.* L'art. 561 *accorde l'île au riverain,* parce qu'elle se *forme à son préjudice,* les eaux s'étendant sur sa propriété pour abandonner le terrain où l'île se forme. Mais la disposition de cet article eût été sans doute bien superflue, *si le lit de la rivière était lui-même la propriété du riverain; car, dans ce cas, tout ce qui surgirait de ce lit appartiendrait, par voie de conséquence, au propriétaire du fonds voisin; il ne serait donc nullement nécessaire que la loi lui en attribuât la propriété.*

« C'est par application du même principe que, dans le cas de détournement d'un cours d'eau, l'art. 563 *abandonne* l'ancien lit au propriétaire du sol occupé par le nouveau; *ce que le législateur n'aurait pas fait assurément, s'il eût considéré ce lit comme étant une propriété privée.*

« On a parlé de l'indemnité accordée au propriétaire de la *source* dont l'usage est indispensable à une commune. Mais les dispositions que contient à cet égard l'art. 643 sont une *exception pour ce cas; il faut en conclure précisément que la règle générale est qu'aucune indemnité n'est due* (1). »

M. le comte Roy fut moins heureux lorsqu'il soutint

____

(1) *Monit.,* n° 164, p. 851.

« Comment, disait, dans cette discussion, M. le comte Cornudet; comment le droit de propriété, qui est *absolu* de sa nature, pourrait-il se concilier avec l'obligation de *rendre l'eau?* Si le *cours d'eau* n'est pas la *propriété des riverains,* ceux-ci ne sont pas *propriétaires* du lit qui les renferme. Là où il n'y a pas de propriété *de dessus,* comment y aurait-il propriété du *sol?* Autoriser les riverains à *se servir* de l'eau, à *en user,* n'est-ce pas constituer à leur profit un véritable droit *d'usage* qui, de sa nature, est *incompatible avec le droit de propriété?* » — Même n° du *Moniteur,* p. 850, col. 2ᵉ.

les mêmes principes, l'année suivante, dans la discussion de la loi sur la *pêche fluviale*. Mais cette loi, tout en accordant aux riverains une indemnité dans le cas où les cours d'eau publics sur lesquels ils ont le droit de pêche viendraient à être rendus navigables, n'a *rien préjugé sur la propriété de leur lit*. Elle l'a laissée entièrement dans l'état où elle se trouvait avant sa promulgation. Le commissaire du roi, en présentant à la Chambre des députés le projet adopté par l'autre chambre, déclara « qu'il ne changeait en rien la législation existante sur la propriété soit des fleuves ou rivières navigables ou flottables...., soit *de tous les autres cours d'eau;* que toute question de propriété, à l'égard de l'État comme dans l'intérêt des communes et des particuliers, *ne pourrait être appréciée* que selon les principes de cette législation (1). »

Le rapporteur, mon honorable ami et collègue M. Mestadier, déclara aussi, que la commission dont il était l'organe avait reconnu « qu'il était sage de laisser toutes les questions de propriété *en dehors* de ce projet, *sans rien préjuger, rien ajouter, rien retrancher* (2). »

Ces deux discussions ne doivent donc exercer aucune influence sur l'interprétation de la disposition combinée des art. 538, 561 et 563 du Code civil.

Cependant, tandis que je termine cette trop longue dissertation, la Chambre des députés est saisie d'une

(1) *Collect. compl. des lois, décrets, etc.*, par M. Duvergier, t. XXIX, p. 96.
(2) *Id.*, p. 101, 1re col.

proposition qui tend à trancher la question au profit des riverains. La majorité de la commission chargée de donner son avis sur cette proposition a cru devoir adopter l'opinion de ses auteurs, « convaincue qu'elle ne faisait réellement ainsi qu'interpréter le Code civil, et qu'elle n'introduisait point un droit nouveau, c'est-à-dire un droit qui fût en opposition ouverte avec ce Code, ou avec une autre loi en vigueur (1). »

Dans la lutte qui va se renouveler entre l'intétêt particulier et l'intérêt public, celui-ci me paraît pourtant devoir l'emporter. S'embarrasser dans des considérations secondaires, ce serait rendre désormais impossible, ou du moins excessivement onéreuse, l'exécution des plans de canalisation et de navigation artificielle que l'agriculture et l'industrie réclament à l'envi sur divers points du royaume. Ce serait en même temps aggraver, pour les riverains eux-mêmes, les périls des inondations, et rendre impossible au Gouvernement l'action protectrice qu'il exerce.

Qu'on veuille bien y réfléchir, et l'on se convaincra certainement que le Code civil a fait pour la propriété riveraine des cours d'eau perennes, tout ce qu'elle était raisonnablement en droit d'obtenir, puisqu'il lui assure leur jouissance et leur émolument utile. Ces avantages constituent pour elle, comme le dit Proudhon (2), autant d'attributs ou de dépendances d'un droit d'usufruit légal ; et ce droit, sauf la résolution par la mise en navigabilité de la rivière sur laquelle il s'exerce, est perpétuel dans sa durée, et perpétuellement transmissible. Aller au delà, dépouiller le domaine public du très-fonds du cours d'eau et du lit, ce serait introduire dans notre

____

(1) Rapport, ub. sup., p. 462.
    T. III, n° 990.

droit public une innovation qui deviendrait probablement funeste.

Les héritages adjacents des petites rivières les eurent
toujours pour *confins* (1) dans leurs titres. Comment
ces titres, qui ne comprennent et ne sauraient comprendre le lit, pourraient-ils en transmettre et en justifier la propriété ?

SECTION V.

CONSÉQUENCES DE CE QUI PRÉCÈDE. — ÉTAT DE LA JURIS-
PRUDENCE SUR LA QUESTION.

Je crois avoir démontré

Que la propriété de tous les cours d'eau publics a
toujours, dès la plus haute antiquité, jusqu'à la révolution de 1789, appartenu exclusivement à l'État ;

Qu'il la recouvra de plein droit, aussitôt que l'abolition de la féodalité l'eut fait rentrer dans le domaine
de la souveraineté générale ;

Que la loi des 22 novembre — 1ᵉʳ décembre 1790 ran-
gea dans la catégorie des choses qui dépendent de ce
domaine, aussi bien les petites rivières dont elle ne
parle point, que les grandes qu'elle spécifia, puisque
celles-là ne sont pas plus que celles-ci *susceptibles d'une
propriété privée* ;

Que toutes les lois qui ont été promulguées depuis
lors jusqu'à la rédaction du Code civil qui nous régit,
le prouvent elles-mêmes de la manière la plus évidente ;

Que ce Code, loin de modifier ou de changer le
moins du monde cet état de choses, n'a fait que régler

---

(1) Supra, p. 28, et les notes 2 et 3 de cette même page.

7

l'application de ce principe, et l'a conséquemment maintenu dans toute sa plénitude;

Et qu'enfin, tous les actes postérieurs de notre législation rendent incontestable ce point de notre droit politique.

Il existe pourtant un ancien arrêt de la chambre civile de la Cour de cassation, qui semble avoir interprété l'art. 538 dans un sens *restrictif*, en le combinant avec l'art. 644.

L'espèce de cet arrêt est fort simple.

En 1800, un Piémontais avait obtenu de son Gouvernement, moyennant une rente perpétuelle de 5o fr. par an, la faculté de construire un moulin sur le bord d'un torrent, et d'employer les eaux de celui-ci à mettre son usine en jeu.

Ce particulier, aussitôt que notre Code fut devenu la la loi civile de son pays, pensa que les articles précités l'affranchissaient de l'obligation par lui contractée; que le domaine n'avait point, dès-lors, le droit d'exiger désormais le payement de la somme stipulée, puisqu'il avait perdu la propriété exclusive des eaux dont elle était le prix.

Une instance fut engagée contre lui, et la cour de Gênes confirma la sentence des premiers juges, qui avaient déclaré la redevance éteinte.

Le pourvoi dirigé contre cette décision fut rejeté le 21 février 1810, contrairement aux conclusions de l'avocat général (1),

« Attendu que la cause de l'obligation cessant, l'effet
« doit cesser aussi; que la rente dont il s'agit avait
« pour cause le droit exclusif que l'ancien gouverne-
« ment piémontais avait dans les torrents du pays;

(1) Sirey, X, 1, 173.

« que les art. 538 et 644 du Code Napoléon ont aboli
« ce droit, en rangeant les torrents dans la classe des
« rivières *privées*; que, par suite, en déclarant que cette
« rente était éteinte, l'arrêt attaqué a fait une juste ap-
« plication de ces articles, et n'a contrevenu ni aux
« art. 2, 644 et 645 du même Code, ni aux art. 1 et 2
« du tit. VII, liv. VI, des Constitutions générales du
« Piémont, ni à aucune autre loi. »

Je ne pense pas que cet arrêt dût passer aujourd'hui
en jurisprudence, si la question qu'il paraît avoir pré-
jugée se présentait de nouveau.

Dans le royaume des Pays-Bas, où notre Code continue d'être en vigueur, les cours de justice l'interprè-
tent dans le sens de l'opinion à laquelle m'ont conduit
de longues réflexions et les considérations dont je viens
de présenter la série. C'est ce qui résulte de deux
arrêts de la Cour supérieure de Bruxelles, en date
des 28 avril 1827, 7 mars 1832; et d'une décision de
la Cour d'appel de Gand, du 7 juillet 1835.

Je ne transcrirai que les deux derniers (1).

Actionné par les sieurs Goes, pour avoir changé, à
leur préjudice, le lit de la rivière la Gette, Mary, dont
elle traverse la propriété, soutient qu'il n'a fait qu'user
de son droit.

Le tribunal de Nivelles admet les demandeurs à faire
la preuve des faits par eux allégués.

(1) Le premier est intervenu dans une espèce où, tandis que le
gouvernement avait vendu à un particulier l'ancien lit de la rivière,
la Senne, après l'avoir fait redresser à ses frais, le propriétaire de
maisons, bâtiments, terrains et jardins situés sur les deux rives de cet
ancien lit, s'en était mis en possession. Le jugement qui condamnait
ce dernier à le délaisser à l'acquéreur, et à faire disparaître le pont
par lui construit, ne fut infirmé que sur ce dernier chef, parce que,
dit l'arrêt, l'appelant était *recevable à opposer les services fonciers
auxquels il croyait la propriété acquise par l'intimé assujettie.*

L'arrêt du 7 mars 1832 repousse l'appel interjeté de ce jugement par le défendeur :

« Attendu que la loi n'attribue aux propriétaires riverains d'une rivière non navigable ni flottable, telle qu'est *la Gette* dans la commune de Jodoigne, aucun droit de propriété sur le lit de cette rivière; — Qu'à la vérité, le législateur, à l'article 538 du Code civil, a considéré les fleuves et rivières navigables comme des dépendances du domaine public, mais que de là, il ne résulte pas que les rivières non navigables ni flottables doivent être considérées comme des dépendances des héritages privés qu'elles bordent ou qu'elles traversent; — Que si la loi attribue aux propriétaires de ces héritages le droit exclusif de pêche, ce n'est pas parce qu'elle les considère comme propriétaires de ces rivières, mais parce que, ainsi que cela résulte de l'avis du conseil d'État du 27 pluviôse an XIII, approuvé le 30 du même mois, elle a voulu les dédommager des inconvénients attachés au voisinage des rivières non navigables, et des dépenses du curage et d'entretien de ces rivières, auxquelles les lois et les règlements les assujettissaient;—Que le droit de pêche emporte si peu la propriété de la rivière elle-même, qu'il est généralement reconnu que le gouvernement peut, en rendant navigable une rivière qui ne l'est pas, la faire entrer dans le domaine foncier de l'État, sans être tenu de payer le prix aux propriétaires riverains ;

« Attendu que l'intention du législateur de n'attribuer aux propriétaires riverains aucun droit de propriété sur le lit des rivières non navigables et non flottables, se manifeste d'une manière évidente dans la disposition de l'art. 563 du Code civil; — Que, d'après cet article, si un fleuve ou une rivière navigable, flottable ou non, se forme un nouveau cours en abandonnant son ancien lit, les propriétaires des fonds riverains nouvellement occupés prennent, à titre d'indemnité, l'ancien lit abandonné, chacun dans la proportion du terrain qui lui a été enlevé; qu'ainsi l'on ne pourrait prétendre que les propriétaires riverains seraient également propriétaires du lit des rivières non navigables, ni flottables, sans admettre en même temps, ce qui est impossible, que, par cette disposition, le législateur aurait consacré, pour l'hypothèse qu'il prévoit, une injustice criante, puisque les propriétaires des fonds dans lesquels la rivière se serait formé un nouveau cours deviendraient propriétaires de l'ancien lit, tout en conservant la propriété du nouveau, tandis que les propriétaires riverains de l'ancien lit seraient privés, sans indemnité aucune, tant de leur droit de pêche dans les eaux, que de leur droit de propriété sur le lit de cette rivière;

«Attendu que l'on pourrait inférer de l'article 644 du Code civil, que le propriétaire dont une eau courante traverse l'héritage, pût *en déplacer totalement le lit* dans l'intervalle qu'elle y parcourt, il ne pourrait le faire, d'après le même article, que pour user de cette eau dans l'intérêt de son héritage, et que, dans l'espèce, ce n'est aucunement pour user de l'eau de *la Gette* que l'appelant en a déplacé le lit;

« Attendu qu'il résulte de ce qui précède, que l'appelant n'a pu puiser ni dans une prétendue propriété du lit de *la Gette*, ni dans la disposition de l'article 644 du Code civil, le droit de changer le cours de cette rivière, au préjudice des héritages inférieurs, et que si, en déplaçant le lit, il a causé un préjudice notable au moulin et à la propriété des intimés, il doit le réparer;

«Attendu, dès lors, que les faits posés par les intimés devant le premier juge, et à la preuve desquels ils ont été admis par le jugement dont est appel, sont réelle-

ment pertinents, puisque, etc.............................
....»

L'espèce du second arrêt mérite d'être exposée.

Le ruisseau *Het Sleksken* passait entre deux bâti-ments appartenant au sieur Dekeyser qui, en 1792, ob-tint des échevins de la ville de Gand, l'autorisation de les joindre par un pont.

En 1824, la propriété de ces deux bâtiments passe au sieur Van-Beneden.

La régence de la même ville, sur la demande des ri-verains, et par motif de salubrité publique, supprime le ruisseau susnommé, en 1834, en fait une rue, et ordonne, en conséquence, au nouveau propriétaire, de faire dispa-raître ce pont. Il soutient qu'il ne peut être dépossédé que moyennant indemnité juste et préalable; mais le tribunal rejette sa demande à cet effet contre la régence, sur le motif que l'autorisation originaire est censée, aux termes de l'art. XXIX de la rubrique XVIII de la coutume de Gand, n'avoir été accordée qu'à titre de précaire.

Van-Beneden se rend appelant de ce jugement, et prétend que le ruisseau dont il s'agit n'appartient ni à la commune, ni à l'État, mais bien aux riverains; que la construction du pont en question fut dûment autorisée, et que, dans tous les cas, ce pont est devenu sa pro-priété, par la prescription soit de trente, soit de dix ans.

La sentence du tribunal de Gand est confirmée ainsi qu'il suit :

« D'abord, au sujet de la propriété que réclame l'appe-lant sur le cours d'eau dont il s'agit,

« Attendu que si le cours d'eau *Het Sleksken* était à con-sidérer comme une rivière non navigable ni flottable, ainsi que le soutient l'appelant, il n'appartiendrait point aux riverains ; qu'en effet, loin d'attribuer aux riverains la propriété des rivières de cette espèce, la loi la leur refuse évidemment dans son économie : d'après l'art. 563 du Code civil, lorsqu'un fleuve ou une rivière navigable, flottable *ou non*, se forme un nouveau cours en abandonnant son ancien lit, les propriétaires des fonds nouvellement occupés prennent, à titre d'indemnité, l'ancien lit, chacun dans la proportion du terrain qui lui a été enlevé ; si le lit des rivières non navigables ni flottables était une dépendance des propriétés riveraines, cette disposition froisserait l'équité et la raison, car elle priverait les riverains du lit abandonné de leur propriété, sans indemnité aucune, pour la transmettre libéralement aux propriétaires des fonds dans lesquels la rivière se serait formé un nouveau cours, tout en leur conservant la propriété de ce cours ; l'art. 644 du même Code n'autorise celui dont la propriété borde une eau courante autre que celle qui est déclarée dépendante du domaine public, par l'art. 538, à s'en servir à son passage, que *pour l'irrigation de ses propriétés* ; et celui dont cette eau traverse l'héritage, à en user dans l'intervalle qu'elle y parcourt, qu'à *la charge de la rendre à la sortie de ses fonds à son cours ordinaire* : conditions qui démontrent que les rivières non navigables ni flottables ne sont pas susceptibles d'une propriété privée ; qu'en présence de textes aussi formels, l'argument *à contrario censu* tiré de l'art. 538 n'a aucun poids ; que l'art. 56 est encore sans portée pour la question, de même que l'avis du conseil d'État du 27 pluviôse an xiii, approuvé le 30 du même mois, relatif à la pêche dans les rivières non navigables ni flottables ; ces dispositions, comme s'en exprime la dernière, n'établissant que des dédommagements pour les inconvénients qui sont attachés au voisinage de ces rivières, et pour les dépenses du curage et de l'entretien, auxquelles les riverains sont assujettis par la loi et les règlements ; que les rivières non navigables ni flottables font si peu partie des propriétés adjacentes, qu'il est au pouvoir du gouvernement, ainsi que le reconnaît l'avis du conseil d'État précité, de les rendre navigables ou flottables, et ainsi, de les faire rentrer dans le domaine réel de l'État, sans être tenu à aucune indemnité ; que jusque-là elles forment donc des dépendances du domaine public, dont l'usage appartient à tous et la propriété à personne (*Instit., lib.* II, *tit.* I, § 2) ; d'où il suit que la réclamation de l'appelant est sans fondement ;

« En second lieu, quant à la nature de l'autorisation que l'auteur de l'appelant a obtenue, de construire un pont sur le même cours d'eau ,

« Attendu que l'autorisation que le magistrat de la ville de Gand a accordée, le 8 février 1712 , à l'auteur de l'appelant, de bâtir un pont sur le cours d'eau dont il s'agit, pour passer de l'un de ses héritages à l'autre, n'a pu constituer un droit incommutable, soit que ce cours d'eau fût à cette époque une dépendance du domaine public sous le gouvernement de l'État, soit qu'il ne fût que sous l'administration de la commune ; qu'en effet, au premier cas, le magistrat n'avait aucun pouvoir de l'aliéner, ni de l'assujettir à des servitudes ; et au second, il ne pouvait le faire qu'en vertu d'octroi du prince , sans lequel il n'était capable que de prendre des dispositions de police, tandis qu'il n'existe au procès aucune semblable autorisation ; — qu'au contraire , l'acte invoqué par l'appelant.......... implique une simple mesure de police ; qu'il ne consiste, en effet, que dans une permission accordée sur requête, sans stipulation de prix, ni d'aucun équivalent ; qu'il suit de tout ce qui précède, que cet acte n'est point et ne peut être une concession irrévocable ; qu'il n'a pour objet qu'une tolérance essentiellement résoluble au gré de l'autorité;

« En troisième et dernier lieu, relativement aux prescriptions proposées :

« Attendu que les parties conviennent respectivement, en fait, que le cours d'eau, sujet du litige, a toujours conservé et qu'il conserve encore aujourd'hui la dénomination de *canal public;* qu'étant donc hors du commerce, d'après la nouvelle législation, comme d'après la législation ancienne, il n'a été susceptible d'aucune prescription (*Instit., lib. II, tit. I*er*, et art.* 2226 *du Code civil*) :

« Par ces motifs, la Cour déclare l'appelant mal fondé dans ses fins et exceptions, etc. (1). »

A ces décisions doctrinales *in terminis,* on peut ajouter un jugement fort bien motivé du tribunal de Largentière, et confirmé par arrêt de la cour royale de Nîmes, en date du 14 septembre 1829 (2), et un arrêt de la cour royale de Toulouse, du 6 juin 1832, lequel est conçu en ces termes :

« Attendu que si, aux termes de l'art. 538 du Code civil, les fleuves et les rivières navigables ou flottables sont considérés comme des dépendances du domaine public, aucune disposition législative ne considère le lit des autres rivières comme une dépendance du domaine *privé* des propriétaires riverains ;

« Attendu que les lois *ne leur attribuent que les îles et atterrissements formés dans ces rivières,* comme juste indemnité de la perte à laquelle

---

(1) *Annales de jurisprudence,* par Sanfourche-Laporte, 1827, p. 144; — 1832, p. 23 ; — 1835, p. 221. J'ai cru devoir donner le texte de ces arrêts, parce que j'ai été obligé, pour les connaître, de faire venir de Bruxelles le recueil qui les contient.

(2) Dalloz, XXXIV, I, p. 108.

sont exposées leurs propriétés riveraines, par le fait même de ces atterrissements ; qu'elles leur accordent aussi certains droits d'usage sur lesdites rivières, et notamment le droit de pêche, mais par les motifs que les propriétaires riverains étant exposés à tous les inconvénients attachés au voisinage des rivières non navigables, et assujettis, d'ailleurs, à la dépense du curage, ainsi qu'à l'entretien de ces rivières, il est dans les principes de l'équité naturelle que celui qui supporte les charges doive jouir aussi du bénéfice, comme s'explique formellement à ce sujet l'avis du conseil d'État, approuvé par le chef du gouvernement, le 27 pluviôse an XIII ; et qu'enfin les riverains de ces rivières *sont si peu propriétaires du lit* sur lequel elles coulent, que d'un côté, dans le cas où elles changent leur cours, le *lit abandonné est attribué*, non aux riverains, mais bien aux *propriétaires des fonds nouvellement occupés ;* et que, de l'autre, il dépend du gouvernement, s'il le juge possible et convenable, de faire des travaux pour rendre ces rivières navigables, *sans être tenu d'en payer aucune indemnité aux propriétaires riverains :* — par ces motifs, met à néant, etc.... » (Affaire Ferrage.)

Je ne connais de contraire à ces décisions, qu'un arrêt du 28 janvier 1834, par lequel la cour royale d'Amiens a jugé que les rivières non navigables sont de domaine *privé*.

TABLE.